图说海洋

海洋与文明 西班牙

武鹏程 主编

海洋出版社
北京

图书在版编目(CIP)数据

海洋与文明.西班牙 / 武鹏程主编. — 北京：海洋出版社，2021.1

（图说海洋）

ISBN 978-7-5210-0616-2

Ⅰ.①海… Ⅱ.①武… Ⅲ.①西班牙－历史－通俗读物 Ⅳ.①K551.09

中国版本图书馆CIP数据核字(2020)第127377号

海洋与文明
西 班 牙

HAIYANG YU WENMING
XIBANYA

总 策 划：刘　斌	发 行 部：(010) 62174379 (传真)　(010) 62132549
责任编辑：刘　斌	(010) 68038093 (邮购)　(010) 62100077
责任印制：赵麟苏	总 编 室：(010) 62114335
排　　版：海洋计算机图书输出中心　申彪	承　　印：北京朝阳印刷厂有限责任公司
出版发行：海洋出版社	版　　次：2021年1月第1版
	2021年1月第1次印刷
地　　址：北京市海淀区大慧寺路8号 (716房间)	开　　本：787mm×1092mm　1/16
100081	印　　张：14
经　　销：新华书店	字　　数：268千字
技术支持：(010) 62100055	印　　数：1～4000册
网　　址：www.oceanpress.com.cn	定　　价：58.00元

本书如有印、装质量问题可与发行部调换

前 言

西班牙位于欧洲大陆西南角的伊比利亚半岛，北部濒临比斯开湾，东北部与法国及安道尔接壤，南部与非洲的摩洛哥隔着直布罗陀海峡遥遥相望，领土还包括地中海的巴利阿里群岛、大西洋的加那利群岛、非洲的休达和梅利利亚。

翻开欧洲历史不难发现，在欧洲大陆上发生的许多大事几乎都与西班牙有关。从公元前218年第二次布匿战争，西班牙被罗马占领；到公元711年，西班牙被阿拉伯人入侵，开始了近8个世纪的伊斯兰统治；再到公元1492年的基督教收复失地运动，结束了伊斯兰对西班牙的统治。此后航海家哥伦布远航，发现美洲大陆，从此西班牙开始对外扩张，主宰着拉丁美洲人民的命运。16世纪卡洛斯一世统治时期，西班牙成为一个地跨欧洲、非洲和美洲的殖民帝国。公元1808年拿破仑入侵西班牙，公元1812年爆发西班牙资产阶级革命，公元1936—1939年的西班牙内战等事件都使得西班牙在欧洲历史上具有十分重要的地位。至于说西班牙在文学、艺术、航海、科学等方面对欧洲乃至世界所做出的贡献也是显而易见的。

纵观西班牙的历史，有过辉煌，也曾衰落；曾被殖民，也曾大肆扩张领土；曾为世界文明做出过贡献，也曾毁灭了美洲的古老文明。历史种种已经烟消云散，但是西班牙殖民帝国作为第一个日不落帝国，在欧洲历史乃至世界历史上都留下了重重的一笔。

本书由武鹏程主编，参与资料及图片整理的还有郑亭亭、郑玉洁、刘美霞、田静宇、文英娟、孙洁、尤晓莉、武寅、赵海风、赵兴平、徐东升、晁福洲、刘忠杰、张宏连、宋义、赵义文、张钲名、姜彬鹏、雷璐、肖结石等。

目 录

第 1 章　动荡不安的伊比利亚半岛

外族入侵 / 2

西班牙土著战败，罗马统治伊比利亚半岛 / 8

西哥特人的到来 / 21

阿拉伯人入侵伊比利亚半岛 / 31

动荡的伊比利亚半岛 / 38

第 2 章　战火中诞生的帝国

女王与国王——卡斯蒂利亚与阿拉贡的强强联合 / 45

葡萄牙和卡斯蒂利亚的战争 / 50

收复天主教领地格拉纳达 / 54

伊莎贝拉一世的天主教事业 / 57

伊莎贝拉一世去世引发的王位之争 / 61

第 3 章　走向大洋

欧洲人走向大洋 / 65

双牙协议瓜分世界 / 69

风口浪尖的幸运儿哥伦布 / 73

哥伦布的第一次远航 / 77

哥伦布又出发 / 81

西班牙官方批准殖民行为 / 86

第 4 章　征服者登台，探险者谢幕

征服者胡安·庞塞·德·莱昂 / 89

逃亡者巴尔沃亚 / 91

征服者迭戈·德·贝拉斯克斯·德奎利亚尔 / 96

科尔特斯征服墨西哥 / 97

皮萨罗征服印加帝国 / 106

第 5 章　巩固在美洲的统治

总督辖区 / 113

西印度事务委员会 / 117

教会 / 119

甘蔗种植园和牧场 / 126

金银的掠夺 / 130

大洋上的双船队制 / 132

黑暗的三角贸易 / 133

第 6 章　西班牙在东方世界的事业

葡萄牙的麦哲伦却得到了西班牙的支持 / 135

征服菲律宾，黎牙实比在这里建立了第一个西班牙殖民根据地 / 139

腓力二世的第二个命令：寻找从太平洋到墨西哥的航线 / 143

弗朗西斯·哈维尔在日本布道 / 144

第 7 章 西班牙在欧洲的争霸

卡洛斯一世统治下的哈布斯堡王朝 / 147
腓力二世继承了西班牙王位 / 154
意大利战争 / 156
西班牙和奥斯曼帝国的紧张关系 / 161

第 8 章 尼德兰的反抗

低地地区——尼德兰 / 167
尼德兰宗教镇压的血腥敕令 / 170
荷兰的独立 / 176

第 9 章 西班牙帝国的衰落

西英关系 / 177
西班牙无敌舰队的舰船 / 181
风雨飘摇的西班牙帝国 / 184
安茹公爵继承王位,做个好的西班牙人 / 191
站队问题,欧洲七年战争爆发 / 197
西班牙独立战争 / 199
波旁王朝复辟 / 204
西班牙殖民体系的瓦解 / 215

第 1 章
动荡不安的伊比利亚半岛

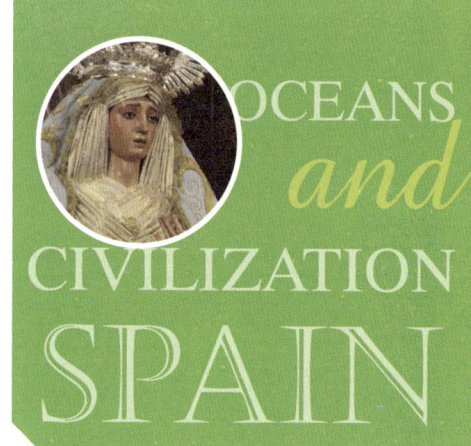

早期的西班牙多灾多难,曾被外族统治几百年,但西班牙人从没放弃过反抗,他们在反抗中积蓄力量,慢慢地让自己强大起来。

"我说西班牙,说的是人。" 20世纪西班牙大诗人安东尼奥·玛查多的这一句名言,道出了西班牙王国以人为本的历史渊源。

人类在欧洲居住的最早记录就是在西班牙的阿塔普埃尔卡山发现的,大约距今120万年前。在公元前15世纪左右,西班牙出现了阿尔塔米拉洞窟文化,洞窟里留下了伊比利亚当地人的画作,是岩画艺术的杰出代表。后来,腓尼基人、希腊人和迦太基人相继在伊比利亚半岛的地中海沿岸定居,并建立了商业据点。公元前9世纪,希腊人赐予了伊比利亚这个名字。

西班牙将自己的历史写在神奇的伊比利亚半岛上,这个半岛在地理划分上属于欧洲,政治上也属于欧洲,但高大的比利牛斯山脉却让它与欧洲其他地方隔绝了700多年。

公元711年,阿拉伯人跨越直布罗陀海峡入侵伊比利亚半岛,从此西班牙在伊斯兰的统治下苟活了近8个世纪。此时,地中海的势力没有办法保护伊比利亚半岛,西班牙也没有寻求新的生

> 公元前218年，罗马大举入侵伊比利亚半岛，罗马在征服伊比利亚半岛的过程中遭到顽强抵抗，直到公元前19年，罗马才彻底征服整个伊比利亚半岛。在之后长达500年的时间里，西班牙成为罗马帝国的一个行省。

> 公元5世纪，罗马帝国开始走向崩溃，西哥特人又来了，他们开始了对伊比利亚半岛长达200年的统治。

> [16世纪的伊比利亚半岛]
> 伊比利亚半岛又称比利牛斯半岛，北临比斯开湾，西边是大西洋，东部及东南部为地中海，东北部有著名的比利牛斯山脉，与法国相连，南部与非洲大陆隔直布罗陀海峡相望。

存之地的途径，这里成了被外族入侵的天然通道。

比利牛斯山脉和直布罗陀海峡决定了伊比利亚半岛的命运，它既渴望欧洲却又不可得，与非洲联系紧密但又不被待见，西班牙的悲剧由此产生。

西班牙不得不在被征服中成长起来，在似乎看不到未来、被驯服的时代，西班牙始终坚持着基督教的信仰，即便与非洲联系紧密，它还是诚实地说自己属于欧洲。

西班牙到底是靠什么闻名于世的？地中海沿岸、梅塞塔高原、卢西塔尼亚……仅仅是听到这些名字就足以让人向往了，这里山高水长，有美酒宝石、斗牛与舞蹈……

外族入侵

约公元前3000年，西班牙迎来了铁器时代，这同时也代表着西班牙被外族入侵的时代到来，伊比利亚这

个封闭的半岛，在这个时期"砰"地一下就"爆炸"了。似乎所有的人约好了一样，忽而就迁进了伊比利亚半岛，从此宗教和种族在这里融合。

"西边""边缘"和"尽头"都是西班牙

铁器时代的到来，让伊比利亚半岛拥有了一个新的名字。

希伯来人的叫法是"撒勒法"，意思是"边缘或尽头"，而希腊人比较喜欢称这里为"赫斯佩里"，这是"西边"的意思，也有人将之翻译成"西班牙人烟稀少"。西班牙这个名字从那时开始就出现了，然后就被一直沿用下来。

比起西班牙名字的由来，伊比利亚这个名字就更有意思。伊比利亚其实是凯尔特人语言中的一个单词"aber"的发音，是河流的意思，也就是说伊比利亚人，也可以说是住在河流附近的人。现在我们发现，伊比利亚半岛上最早的居住人正是伊比利亚人，他们也正好来自"河

❀ [记录希伯来人生活的壁画]

希伯来是"过河"的意思。希伯来人的先祖就是雅各的祖父亚伯拉罕，原先在巴比伦地区居住。荣耀的神向他显现，呼召他离开那里，越过大河（幼发拉底河），前往迦南。亚伯拉罕相信神，于是成了第一个希伯来人，因而开创了这个民族的历史。

[埃布罗河]

埃布罗河位于西班牙东北部,是西班牙境内最长、流量最大和流域面积最广的河流,也是伊比利亚半岛第二长的河流。历史上曾是罗马共和国和迦太基,以及查里曼帝国的西班牙边疆区和后倭马亚王朝的分界线。

流"埃布罗河流域。

最早的西班牙人

"河流人"通过直布罗陀海峡来到这里,他们普遍身材矮小,满腔热血,打仗是他们的天性,为此他们甚至不介意向那些"朋友"(入侵者)敞开自己的大门来"迎接"他们,铁器时代的发现者也是他们。

"河流人"无可避免地与"北方人"——凯尔特人相遇了。凯尔特人跨越北方的比利牛斯山脉来到伊比利亚半岛,他们高大强壮,纪律严谨,是天生的战士。如今在西班牙的北方还有些建筑沿用了凯尔特人时期的名字。

凯尔特人和伊比利亚人在伊比利亚半岛上向来相处融洽,这两个民族相安无事地在这里共同生活,慢慢地两个民族开始联姻,形成了凯尔特伊比利亚人,而凯尔特伊比利亚人也被认为是最早的西班牙人。

西班牙最原始的两个民族,伊比利亚人天马行空,脾气暴躁,但行动敏捷;凯尔特人天生好强,纪律严谨,满眼看到的只有利益。西班牙独特的气质便是由这两种奇妙的性格融合产生的。

腓尼基人的神成为凯尔特人新的信仰

西班牙的地理位置很特殊,在远古时期,西班牙坐落在运送锡资源的重要航线上。腓尼基人是运送锡的商人,为此他们总是在西班牙停靠,于是这些腓尼基人给西班牙带来了技术和商业。

腓尼基人几乎把西班牙当成了自己的第二故乡,他们在加的斯设有商行,也将航海技术带到了西班牙,西班牙人的冒险精神在这个时期就已经初现端倪了,西班牙土著人因为腓尼基人也学会了使用文字和货币。腓尼基人的精神渗透进了西班牙人的方方面面,这是西班牙与东方人最早的接触,但是在今天看来,腓尼基人似乎除了精神,并没有在西班牙留下太多可查询的痕迹,或者说他们早就与西班牙人融为一体。

根据遥远的入侵者一定会遵循的逻辑,即常常靠神明和信仰来征服新的地区,腓尼基人改变或者说是改进了西班牙土著凯尔特人的精神崇拜,于是东方世界的礼

> 凯尔特人这个名字是恺撒起的,在他的战地日记中记载,凯尔特人最典型的体貌特征就是他们标志性的红头发。如今,在凯尔特人分布较广的苏格兰和爱尔兰,有8%左右的人是红发。

第 1 章 动荡不安的伊比利亚半岛

[埃尔切夫人]

埃尔切位于西班牙巴伦西亚自治区阿利坎特省,是第一批伊比利亚人居住的地方,后来受腓尼基人、古希腊人、罗马人的统治。公元1897年,在那里发掘出多彩埃尔切女神石像"埃尔切夫人",这个据信是伊比利亚人的遗物。

❖ [腓尼基人的石刻画]

腓尼基是一个古老民族,生活在今天地中海东岸相当于黎巴嫩和叙利亚沿海一带。"腓尼基"一词原意为紫红色,源于此地出产的一种紫红色颜料。因为希腊人喜欢这种颜料,就给这个民族的人起了这样的名字。腓尼基人善于航海与经商,在全盛期曾控制了西地中海的贸易。古代的腓尼基并非指一个国家,而是整个地区,这里就像伯罗奔尼撒半岛一样,林立着推罗、西顿、乌加里特等城邦国。

仪、偶像还有神明在潜移默化中,被凯尔特人所接受,在时间往前推进的过程中,凯尔特人的行为准则变成了"神说的,他要我这样……"。

凯尔特人由崇拜自然变成了崇拜人,崇拜腓尼基人。在接受新的神明的时候,凯尔特人接受了新的祭祀仪式,他们变得血腥,因为他们接受了用鲜血来赎罪的观念,也就是拿活人来献祭,这是腓尼基人教给他们的关于血的信条。

文明的希腊人使得西班牙变"美"

希腊人来到西班牙的时间在公元前7世纪前后。他

❖ [腓尼基人的神]

根据腓尼基文明和迦太基文明的传说,人们为了供奉火神莫洛克,将儿童作为祭品,活活地将他们烧死。这种祭祀区被称为"托斐特"(烤地),祭品被称为"穆克"。

们首先来到的是西班牙的加泰罗尼亚海岸，为了经商，他们在这里建立了"市场"——安颇里奥斯。这个时候，腓尼基人在西班牙的势力大不如前，希腊作为一个已经有了高度文明的国家，趁机在西班牙扩张自己的势力范围。

文明、聪明、富有的希腊人带给西班牙的礼物，不仅有商业性质的，还有艺术性质的。腓尼基人教会西班牙人用鲜血来祭祀神明，希腊人却为西班牙带来了另一位带着光的女神，也就是后来的西班牙保护神——圣母玛利亚，这个时候，女神具有了火红的西班牙特色。从这里开始，西班牙人用热情信仰上帝，火红的爱里，始终保持着纯洁的美。

❖ 圣母玛利亚是基督教信徒心中的偶像，而天主教、东正教则把圣母作为"神之母"加以供奉，西班牙更是把圣母当作斗牛士的保护神，圣母玛利亚的光鲜形象形成了西葡两国特有的宗教文化艺术，令人印象深刻。

第1章 动荡不安的伊比利亚半岛

❖ [圣母玛利亚像]

在伊比利亚半岛上，有着一座又一座设有圣母玛利亚塑像的主祭坛，如巴塞罗那的蒙特塞拉特修道院，马德里、托莱多、塞维利亚的大教堂，葡萄牙的热诺尼莫斯修道院、奥比多斯大教堂……这里的圣母像华服盛装，头顶金星放射光芒天后冠，是欧洲最奢华的装扮。

❖ 此时的地中海西部，比罗马更古老、更富裕的国家迦太基已经成为一个海洋强国，控制大多数海洋贸易要道，势力从北非发展到伊比利亚半岛及西地中海。公元前323年，亚历山大大帝病死，他庞大的帝国也随之分裂，古希腊历史结束。

海洋与文明 西班牙 | 7

西班牙土著战败，罗马统治伊比利亚半岛

> 迦太基存在于公元前8世纪—前146年，是腓尼基人建立的城邦国家，首都为迦太基城，位于今天北非突尼斯北部。

伊比利亚人对希腊人的扩张表现得十分宽容，同时日渐衰落的腓尼基人在西班牙开始被排挤。随后腓尼基人在北非建立的城邦国家迦太基借口出面帮忙，成了新的征服者，而希腊人几经朝代变更后退出了西班牙，这里丰富的资源变成了迦太基人的"收藏品"。迦太基与罗马爆发的布匿战争，导致伊比利亚半岛被卷入战火，伊比利亚成了这些"强盗"的赌注之一。

[古迦太基城的残垣断壁]
显赫一时的迦太基因为战败，被罗马灭国，传说中迦太基城被罗马放的大火足足烧了49天，导致如今再想寻找它的历史变得非常困难，今天我们只能在突尼斯看见这些残垣断壁。

第二次布匿战争，西班牙成为主要战场

公元前264—前241年，古罗马和迦太基两国发生冲突，即第一次布匿战争，开始是因为争夺地中海沿岸地区的霸权，尤其是西西里岛的拥有权。战争进行了23年，罗马勉强胜利。经过一段时间休整后，公元前218年，第二次布匿战争爆发，这次的战火将西班牙扯进来了。同时也让西班牙人变得莫名其妙，他们甚至可以说是"无

知"，他们不知道敌人到底是谁，因而不顾一切地背弃自己的信义，也理直气壮地转变阵营。他们只知道要保护住自己的土地，所以他们守在海边，不允许任何人上岸，罗马人的船不能在这里停靠，迦太基人的船也不能。那么他们的敌人是谁呢？腓尼基人、希腊人、迦太基人，还是罗马人？在西班牙人看来，敌人的身份与这些前缀都没有关系，只要是有人手拿武器，驾驶战船，想要践踏他们的土地，就是他们的敌人，这时的西班牙人还没有明确的民族意识，他们保卫自己的土地行为只是一种本能。

公元前201年，第二次布匿战争结束，罗马最终战胜了迦太基，迦太基人撤离西班牙，完全失去了伊比利亚半岛的领土，伊比利亚半岛被纳入罗马的势力范围，但是罗马为了完全征服伊比利亚半岛，整整花了200年的时间。值得一提的是，罗马人在卢西塔尼亚（也就是现在的葡萄牙和埃斯特雷马杜拉）遭到了极其顽强的抵抗，也是从这里开始，西班牙人的爱国意识开始觉醒。

[第二次布匿战争中迦太基的军事指挥官——汉尼拔（右侧）]

第二次布匿战争是迦太基同罗马之间展开的生死对决。虽然这场战争最终以迦太基名将汉尼拔的失败而告终，但是此战罗马也有十几万人阵亡，并有10人以上的执政官战死。

[卢西塔尼亚地区的埃斯特雷马杜拉山]

罗马统治下的西班牙大致分为贝提卡西班牙行省和塔拉哥纳西班牙行省，这两个行省西边还有一个卢西塔尼亚西班牙行省，大致上相当于日后的葡萄牙。

西班牙被分为两个省：近省和远省

公元前 197 年，罗马统帅大西庇阿在返回意大利的时候将他的军队分为两支，其中一支驻扎在西班牙北部和埃布罗河流域，另一支继续去征服贝蒂卡。同时，罗马为了巩固对西班牙的统治，根据以上两个军事分界线将西班牙划分为两个行省，根据离罗马城的远近程度将两个地区分为西班牙近省和西班牙远省。

西班牙近省包括旧卡斯蒂利亚东部、阿拉贡、巴伦西亚、加泰罗尼亚、新卡斯蒂利亚大部分地区，卡塔赫拉是其省府。

西班牙远省包括安达卢西亚、葡萄牙、埃斯特雷马杜拉、莱昂、旧卡斯蒂利亚大部分地区、加利西亚、阿斯图里亚斯、桑坦德和巴斯克。

❧ 罗马没有想到征服整个欧洲大陆势如破竹，一个西班牙居然耗费了整整 200 年，足足几代人的精力。两个世纪后，公元前 19 年，奥古斯都大帝才宣布正式征服了伊比利亚，没错，此时的罗马已经由共和国变成了罗马帝国。

❧ [罗马时代的遗迹：拉斯梅德拉斯]
拉斯梅德拉斯位于西班牙莱昂省蓬费拉达近郊的一个地区。看上去红红绿绿的非常抢眼，它在罗马帝国时代曾是金矿的矿山，是古罗马时期重要的产业遗产。绿色的是橡树，红色的是山石，构成了美丽的自然景观。

❧ 梅塞塔高原也叫中央卡斯蒂利亚高原，是组成伊比利亚半岛的主要部分，分为南北两半，北梅塞塔海拔约 800 米；南梅塞塔海拔 600~700 米。

罗马派出总督对西班牙行省进行管理

罗马为了加强对西班牙行省的统治,实行怀柔政策,基本保留了当地政府原有的管理制度和社会组织形式。但同时,大西庇阿和他的继任者也毫不留情地对反抗者进行残酷的镇压。然而,西班牙人民不畏强权,不断进行起义运动,起义队伍的力量也不断壮大,他们用游击战术同罗马正规军队进行较量,使罗马蒙受了巨大的损失,连西班牙近省总督森普罗尼奥·图迪塔诺也在镇压这些起义军时阵亡。

公元前195年,为了加强对西班牙的统治,罗马派执政官马尔库斯·波尔基乌斯·加图带领两个军团入驻西班牙。加图来到西班牙后实行高压恐怖政策,对西班牙人民使用更加原始野蛮的手段来进行剥削和掠夺。为了防止凯尔特伊比利亚人和卢西塔尼亚人的袭击,加图在边界部署了军队。

罗马军队在西班牙肆意欺压百姓,夺取钱财,这引起了西班牙人民的强烈不满,起义运动此起彼伏,连绵不断。

罗马派驻在西班牙行省的总督为了加强罗马边界的安全,一直都在延续这种恐怖的高压政策。一直到公元前180年,森普罗尼奥·科拉古担任西班牙近省总督,开始实行安抚政策,这才缓和了罗马与西班牙部族的矛盾,慢慢取得了当地人民的支持。公元前178—前154年,

[安达卢西亚一角]

安达卢西亚是位于西班牙最南的历史地理区,也是西班牙南部一个富饶的自治区,曾是罗马统治时代西班牙远省的一部分。其名字的含义来源于阿拉伯语,意思是"汪达尔人的土地"。上图是安达卢西亚地区最美小镇隆达的标志——石桥。

※ 腓尼基人只是把伊比利亚半岛作为自己获取财富的殖民地,而罗马人则希望在这里推行罗马化的同时,实行大融合政策。

※ 罗马人的大融合政策,不仅有贫富地区经济的融合,还包括罗马人与当地居民文明的融合。

[梅里达的古罗马剧院]

梅里达是罗马统治时期卢西塔尼亚省的省府,直到西罗马帝国灭亡,梅里达都是极为重要的司法、经济、军事和文化中心。梅里达的古罗马剧院建于公元前16或前15年,当时能容纳6000人,阶梯形座位共为三层,从观众选择座位的情况可以看出当时住在梅里达城的罗马人的社会等级。

[森普罗尼奥·科拉古雕像]

> 大约在公元前9世纪,来自今天德国西南部的凯尔特人,翻越比利牛斯山,来到伊比利亚半岛,这些身材高大、毛发金黄的凯尔特人和伊比利亚人相融合,形成了凯尔特伊比利亚人。

西班牙的中部和北部地区出现了短暂的和平。

此后,反对罗马的小规模暴动依旧存在,但都很快平息了,整体局面还算平静。

虽然森普罗尼奥·科拉古担任西班牙近省总督的时候,对西班牙实行了一系列安抚政策,但是整体来说,罗马对西班牙的统治依旧残暴,苛捐杂税十分沉重。

虽然政策够宽松了,但是气氛仍然恐怖

当时科拉古所推行的巩固边界政策,并没有波及凯尔特伊比利亚人和卢西塔尼亚人的居住区,这两个地区仍然保持着独立。

为了稳住当时动荡的局面,进一步巩固罗马的统治,科拉古在西班牙颁布了一些法律,主要内容有:禁止土著人建立城市;每年向罗马缴纳固定的税额;土著人加入罗马军队才有权利获得有限的土地等。

根据罗马法律,西班牙行省要向罗马缴纳收入的

> 卢西塔尼亚人就是如今生活在葡萄牙境内的伊比利亚人,有专家曾怀疑生活在伊比利亚半岛东北的塞尔特卢森斯人,即是其后裔,但不能确定其血缘关系。

❋ [卢戈的古罗马城墙]

卢戈的古罗马城墙位于西班牙西北部加利西亚自治区卢戈省首府。修建于公元 3 世纪末期，用于保卫罗马城镇卢戈斯。整个圆形城墙至今保存完好，是罗马帝国晚期城堡的最完美样例之一。

第 1 章 动荡不安的伊比利亚半岛

5% 的税，而这些沉重的税，则转嫁到了当地百姓头上。

大量的土地变成了罗马官员们的私有财产，大批的农民失去了土地，流离失所，无家可归，生活水平日益低下，社会贫富差距越来越大，两极分化严重。

罗马政府还强制要求西班牙人服徭役，拆毁他们的城墙和一些防御工事，大批青年被迫应征加入罗马军队，为罗马人在西班牙的扩张卖命。在战争中表现勇敢的人会得到先进的武器，退伍后作为曾为罗马效力过的军人也能过上相对安定富裕的生活，因此为了生活，许多土著人也不得不加入罗马军队对抗西班牙人。

罗马还对西班牙的矿山进行疯狂的开采，当地居民特别是奴隶成为开采矿山的主要劳动力。

因为罗马的高压政策，使得各地的盗匪活动猖獗，特别是凯尔特伊比利亚人和卢西塔尼亚人统治的地区盗匪活动范围很大，动作也十分猖狂。这些盗匪经常光顾罗马军官的私宅，抢夺财物，让人恐慌不安。

❋ 罗马自恺撒之后就进入了帝国时代，第一任皇帝是屋大维。

❋ [萨拉戈萨－罗马时代建立的城市]

萨拉戈萨于公元前 1 世纪末成为罗马属地，上图即是该城最重要的罗马时代的遗迹。

卢西塔尼亚人反抗罗马统治

公元前 154 年，住在今葡萄牙地区的卢西塔尼亚人进攻西班牙远省，罗马军队进行了回击。公元前 150 年，卢西塔尼亚人派出使者向罗马执政官加尔巴投降，加尔巴假意接受了投降，让卢西塔尼亚人到他指定的地方允诺分给他们土地，结果这些卢西塔尼亚人到达指定的地方后，不分男女老幼均遭到了屠杀。只有极少数幸存者逃出来，其中有个青年叫维里亚图斯。

维里亚图斯是卢西塔尼亚地区的一个放牧人，他非常热爱自己的家乡，对罗马人的残暴统治十分痛恨。

维里亚图斯逃出来之后领导卢西塔尼亚人继续反抗背信弃义的罗马暴君，他也更加痛恨罗马，他拼命地对自己说："要记住加尔巴！"

罗马人夺走了卢西塔尼亚人的财产和生命，并给西班牙派来了一位新总督，比起这位新总督，之前来到西班牙的总督显得温和多了，于是巨大的落差使得卢西塔尼亚人的反抗更加激烈了，维里亚图斯也显得更有斗志，他率领 1 万人攻打加的斯，面对强大的罗马人，他还是显得太过天真，罗马人将他们完全击溃，最终他们只好躲进深山老林，罗马人磨灭了卢西塔尼亚人的锐气，但维里亚图斯依然在坚持着。

维里亚图斯想出了一个计谋：他在一个山谷里设下陷阱，然后让自己的一部分部下去诱引罗马人，另一部分则埋伏在山谷左右。等到罗马人被诱引进山谷后，维

[西班牙起义领袖——维里亚图斯]

[硬币上的塞尔维乌斯·加尔巴]

在罗马历史上还有一位皇帝叫加尔巴，即塞尔维乌斯·加尔巴（公元前 3—公元 69 年），加尔巴在位期间恰逢罗马的多事之秋，动荡并且混乱的局势使他在位 7 个月后就被杀害。

里亚图斯率领部下从四面八方朝罗马人投出标枪和石头,罗马人被打败了,罗马的西班牙总督也被俘虏。在公元前 147—前 139 年这段时间里,罗马人再也没有在维里亚图斯这里讨到任何好处,甚至连罗马皇帝都不得不承认维里亚图斯为卢西塔尼亚之王。

维里亚图斯在与罗马人作战时,常常利用诱引的战术,将罗马人诱引到自己的地盘,假意答应与罗马人议和,然后翻脸否认,将罗马人杀得措手不及,在维里亚图斯统治卢西塔尼亚的 10 年间,罗马人一次又一次地亏了面子,罗马人变得越来越愤怒,也变得越来越无可奈何。

维里亚图斯之死

罗马人变聪明了,他们不再与维里亚图斯直接交战,也不再相信维里亚图斯会与罗马真正议和。公元前 139 年,罗马人调转兵力去攻打维里亚图斯的盟友,在来不及救援盟友的情况下,维里亚图斯欲故技重施,他派三位使者去见罗马的将领小西庇阿,请求议和,罗马人答应了,但是议和地点需由罗马人安排。

小西庇阿给足了三位使者面

> **延伸阅读:"罗马和平"激起了卢西塔尼亚人的反抗**
>
> 为了消除卢西塔尼亚人猖獗的盗匪活动,罗马政府承诺只要卢西塔尼亚人放下武器,就允许他们回到自己的家园并将土地和牲畜还给他们。但是,当卢西塔尼亚人放下武器后,罗马当局却背信弃义,对他们进行疯狂的屠杀,许多人变为奴隶。这就是著名的"罗马和平"。
>
> 罗马当局的做法彻底激怒了卢西塔尼亚人,大规模的起义运动在各地相继爆发,盗匪活动又重新猖獗起来。罗马在统治西班牙期间一直都没有解决他们的土地和生存权,这也是起义运动的根本原因。
>
> 在维里亚图斯之前,还有一个更早的起义军领袖,那就是普尼科。普尼科是最早率领卢西塔尼亚人与罗马人进行抗争的人,他曾率领卢西塔尼亚人包括一些盗匪深入到贝蒂卡一带袭击和抢劫罗马军。由于普尼科善于游击战,罗马军几次想要消灭普尼科的军队,但都以失败告终,他指挥为数不多的军队同罗马的正规军进行战斗,曾在一次交战中造成了 5000 名罗马士兵的伤亡。

第 1 章 动荡不安的伊比利亚半岛

❋ [3 世纪时的罗马军队雕像]

❋ [伊比利亚镰刀剑]
这把剑制造于公元前399—前200年,现存在马德里的国家博物馆中。

❋ 罗马历史上重要的领袖恺撒,第一次担任的行省职务就是西班牙总督。

❋ [罗马人建造的世界最古老的灯塔——埃库莱斯灯塔]
埃库莱斯灯塔也叫大力神塔,灯塔的名字"埃库莱斯"源于希腊神话中的大力神。灯塔塔高55米,是今西班牙第二高的灯塔,也是现今世界上最古老的古罗马灯塔之一。它建造于公元1—2世纪,至今仍然在使用。

子,按照罗马对待使节的礼仪接待了他们。三位使者跟着维里亚图斯一直住在山里,哪里见过这么大的阵势。小西庇阿首先安排他们沐浴,派人给他们抹上香精,然后引导他们穿过富丽堂皇的长廊,来到了聚会的大厅。对于一直住在山里的野蛮人来说,眼前的景象让他们彻底震惊了,他们被安排坐在小西庇阿的身旁,虽然他们竭力表现得很自然,但还是有些许胆怯。当那些他们从来没有见过的食物被端上来的时候,他们彻底疯狂了,他们粗野地抓着食物往自己嘴里塞,除了吃,他们几乎不想做任何事,小西庇阿坐在主位上含笑看着他们,只

* [硬币上的小西庇阿]

古罗马有三个西庇阿，即老西庇阿、大西庇阿和小西庇阿。老西庇阿是大西庇阿的父亲，在第二次布匿战争中战死在伊比利亚半岛。大西庇阿则战胜了汉尼拔率领的迦太基军队，带领罗马赢得了第二次布匿战争的胜利，将迦太基人逐出了伊比利亚半岛。这里主要指的是小西庇阿。此人是继他祖父大西庇阿之后，第二个获得"征服非洲"称号的人。

是时不时地将他们的酒杯倒满，不一会儿三位使者就喝得醉醺醺的了，走路开始摇晃，于是小西庇阿乘机在他们耳边说着恭维的话，说是像他们这样优秀的人最终的归宿不应该是跟着野蛮人过着东躲西藏的日子，这种日子毫无希望，所以……

过了一夜，三位使者还是不怎么清醒，到了第二天夜幕降临的时候，他们才慢悠悠地回到卢西塔尼亚人的营地，这时候所有人都睡着了，他们一声不吭地走进了维里亚图斯的帐篷，暗杀了他。

* 西班牙人反抗罗马人的统治，最早的一次是发生在公元前154—139年进行的武装起义。这次起义的声势极盛，曾一度迫使罗马人承认起义的领导人、牧人维里亚图斯为卢西塔尼亚之王。后来由于罗马统治者派人暗杀了维里亚图斯，这次武装斗争才渐趋失败。

* [罗马时代遗留的建筑——阿尔坎塔拉桥]

阿尔坎塔拉桥修建于公元104—106年，是西班牙的一座罗马时代的石拱桥。这座坚固的桥梁穿过塔霍河和阿尔坎塔拉镇，已经使用超过1900年的时间。它由6个拱门组成，其最高的支柱高达47米。其中有一个题词："世界持续下去，桥梁就会持续下去"。

第1章 动荡不安的伊比利亚半岛

[《努曼西亚的最后一天》- 油画，1881 年]

4000 多努曼西亚人顽强地抵抗罗马军团 60 000 多人的进攻，这样悬殊的人数比例，不用想都知道结果是必败无疑。当罗马人冲进努曼西亚城时，只看到了满目疮痍：烧焦的房屋还在冒着浓烟，地上密密麻麻地堆列着努曼西亚人的尸体……这幅油画由西班牙画家阿莱霍·维拉·伊斯塔卡于 1881 年所画。

❋ 第二次规模最大的反抗罗马人的起义，是以努曼西亚为中心的起义，这次起义坚持了 11 年，并于公元前 137 年在努曼西亚城下，迫使陷入重围的罗马军队投降，给予罗马统治者以沉重的打击。公元前 133 年，罗马背信毁约，派大军对起义军进行了 15 个月的围攻，才把起义镇压下去。

努曼西亚军民的反抗

维里亚图斯死后，西班牙当地人的地盘一个接一个地沦陷了，最后只剩下努曼西亚。

最后的反抗者是高贵的凯尔特伊比利亚人，公元前 137—前 133 年，他们以努曼西亚城的山洞为掩护，挥舞着长矛与标枪，靠着简陋的城防，阻挡了罗马人的脚步。小西庇阿来到努曼西亚后的第一件事，就是下令在努曼西亚城外的杜埃罗河上拉起一条带着倒刺的锁链，同时用高墙和炮台将城市封死。面对罗马人的团团围困，努曼西亚人筋疲力尽，简直无法再活下去了，唯一的选择就是无条件投降。但是，刚烈的西班牙人怎么可能向敌人低头呢？

[努曼西亚的罗马遗迹]

从图中可以看到堆砌的石块，以及高大的石柱，这些都是典型的罗马建筑风格。

努曼西亚是一个小镇，位于西班牙北部，靠近索里亚。

第1章 动荡不安的伊比利亚半岛

于是他们中的一些人烧掉了自己的房屋还有自己，还有些人从高墙上跳了下去，正好掉在了罗马人的长矛上。

努曼西亚人因为不屈服，在一夜之间死光了，努曼西亚变成一座死城。西班牙人对罗马军队的抵抗从此结束，这就是著名的伊比利亚战争，即西班牙战争。

西班牙文明源于罗马

罗马统治期间，在西班牙修建了至今都能令世界为之倾倒的公路网，工程师们炸毁了高大的山脉，使河流变得温驯……罗马人将拉丁语和基督教带到这片土地，西班牙

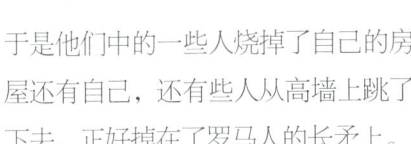

[奥古斯都雕像]

奥古斯都大帝指的是盖乌斯·屋大维，屋大维是罗马帝国最为出色的皇帝之一，他具有极为出色的政治和军事才能，在他的努力下，整个罗马帝国从原来的内战状态变成了一个完整统一的国家，至此开启了罗马帝国长达200多年的和平繁荣时期。而雕像中伏在屋大维脚边的是爱神丘比特，他的出现表明屋大维在人们心中已不再是人，而是受人敬仰的神。

海洋与文明 西班牙 | 19

❖ [罗马时代的建筑：塞戈维亚水渠]

塞戈维亚水渠位于塞戈维亚老城区，用于从 7 千米外的山上引水入城，城内的高架水渠总共有 167 个桥拱，距地面最高处约 30 米，由坚固的花岗岩建成，水渠上方的壁龛中的富恩西斯拉圣母像是"天主教双王"时期替换上去的，也是塞戈维亚城的守护圣母。在水渠另一面的壁龛中的雕像如今已缺失，有人猜测可能是圣塞瓦斯蒂安的圣像。

❖ 公元 395 年 1 月 17 日，罗马皇帝狄奥多西一世（346—395 年）逝世。他将罗马帝国分为东、西两个帝国给 2 个儿子管理。东罗马帝国的都城为君士坦丁堡，又称为拜占庭帝国。
西罗马帝国先后以意大利的米兰和拉文纳为首都，不过存在不到 200 年，就被彻底灭亡了。

也因为罗马人的统治，变得政权统一和拥有了家国观念，产生了基本法律。

可以说，西班牙的文明是罗马人带来的，所以不管罗马人在历史上给这个民族带来多少灾难，但是在这方面，西班牙是幸运的，它借着罗马的东风成了当时最令人羡慕的地区之一。

🌱 西哥特人的到来

西哥特人属于哥特人，是东日耳曼人的一支。哥特人从公元 2 世纪起就定居在欧洲东部乌克兰一带，其中居住在德涅斯特河西的被称作西哥特人。4 世纪后期，匈人从中亚经里海进入顿河、第聂伯河流域，征服了那里的阿兰人和东哥特人，接着向黑海北岸的西哥特人进攻，西哥特人被迫向罗马帝国境内迁移。公元 378 年 8 月，在亚得里亚堡一战中，西哥特人击败了罗马军队，连罗马帝国皇帝瓦伦斯也在战场上阵亡，继位的狄奥多西一世被迫让步，准许西哥特人经过多瑙河进入巴尔干半岛。

❋ [罗马帝国皇帝：瓦伦斯]
瓦伦斯在对西哥特人的亚得里亚堡一战中战败，慌不择路地跑入一间农舍，以求躲过敌人的追击，可是西哥特人似乎早就预料到了，直接纵火焚烧了农舍。瓦伦斯在熊熊烈焰中结束了自己悲剧的一生。

第 1 章　动荡不安的伊比利亚半岛

❋ [亚得里亚堡]
亚得里亚堡就是今天土耳其西部城市埃迪尔内，这座城市在公元 1030 年以前被称为亚得里亚堡或哈德良堡。根据希腊神话，俄瑞斯忒斯，也就是阿伽门农的儿子，建立了一座叫作"Orestias"的城市。这座城市后来被罗马皇帝哈德良重建，成为古代色雷斯人的聚居地。哈德良细心建设这座城市，将其改名为"哈德良诺波利斯（Hadrianopolis）"，也就是哈德良堡。

阿拉里克起兵攻占了罗马城，抢走了罗马皇帝的女儿

❋ 从公元前2000年起，哥特人就住在波罗的海南岸、维斯瓦河口一带，过着氏族社会的生活。后因人口增多，需要寻求新的土地，便沿第聂伯河支流普里庇亚得河南下黑海，于公元214年到达南俄罗斯草原。哥特人以此为基地，屡屡对罗马帝国进行掠夺。

公元395年，罗马帝国皇帝狄奥多西一世（379—395年在位）去世，他在临死前将罗马帝国一分为二，交给自己的两个儿子分别统治。而就在此时，西哥特人首领阿拉里克宣布西哥特人不再臣服于罗马帝国。

❋ 3世纪中叶，一部分哥特人越过德涅斯特河占据了达西亚（今罗马尼亚）。从此，居住在这一地区的哥特人被称为西哥特人，住在德涅斯特河以东直至顿河流域的则称为东哥特人。

公元410年8月，阿拉里克起兵攻占了罗马城，并且在撤出罗马城时带走了狄奥多西一世的女儿、西罗马帝国皇帝霍诺里乌斯的妹妹普拉西狄亚公主为人质。阿拉里克要求霍诺里乌斯任命他为西罗马帝国大将军，但西罗马帝国拒绝了他的要求。之后他率领军队进入了高卢南部的阿基坦和西班牙北部。

❋ [壁画中的罗马军队－骑兵]

公元1世纪时，罗马军队里开始全面出现骑兵。每支军队约配有骑兵300人，这些人主要承担巡逻、护卫、侦察和其他辅助性任务。

阿陶尔夫宣布与普拉西狄亚公主结婚

公元 410 年，阿拉里克去世，他的弟弟阿陶尔夫继位。阿陶尔夫想要扩大势力范围，建立像罗马帝国那样强大的国家，他决定与西罗马帝国保持所谓的合作关系，而西罗马帝国皇帝霍诺里乌斯为了赎回自己的妹妹普拉西狄亚公主，也为了维持西罗马帝国在西班牙的统治，最终还是与阿陶尔夫达成了协议，由此，西哥特人才真正建立起自己的政权。但是，阿陶尔夫不但没有归还普拉西狄亚公主，还在公元 414 年 1 月宣布与普拉西狄亚公主结婚，这使得霍诺里乌斯大为生气，他终止了对西哥特人的粮食和后勤供养。阿陶尔夫自始至终都想与西罗马人交好，其实他与普拉西狄亚公主结婚，也是为了能更好地与西罗马人结盟，他想要早一点将汪达尔人、苏维汇人、阿兰人等外族赶出西班牙，建立一个独立的西哥特王朝。

❀ 西罗马帝国末代皇帝是罗慕路斯二世，他是西罗马帝国将军欧瑞斯特之子。公元 475 年 8 月 28 日，欧瑞斯特攻占西罗马帝国首都拉文纳，推翻尼波斯的统治。10 月 31 日，欧瑞斯特宣布儿子罗慕路斯二世为西罗马帝国皇帝。公元 476 年 9 月 4 日，奥多亚克杀死欧瑞斯特，废黜罗慕路斯二世，西罗马帝国灭亡。

第 1 章 动荡不安的伊比利亚半岛

❀ [西罗马帝国公主普拉西狄亚的马赛克壁画]

❀ 公元 394 年，阿拉里克带领西哥特军队参与镇压了一场西罗马帝国内部的叛乱。在这场战争中，西罗马帝国为了削弱西哥特人的实力，把他们当作炮灰，导致一半的西哥特战士死于战场，这引起了阿拉里克和西哥特人的极大不满。他们决定摆脱西罗马帝国的统治寻求独立，并推举阿拉里克为国王。

公元 415 年开始，阿陶尔夫率领西哥特人在西班牙定居。这个时期，哥特人、汪达尔人、阿兰人、苏维汇人和勃艮第人也不断向西班牙迁徙。被殖民的西班牙人民则不断发生奴隶起义运动。

建立西哥特王国

当时，西罗马帝国局势紧张，陷入无政府状态，基本失去了对西班牙的控制，西罗马军在高卢、比利牛斯山南部、坎塔布连、巴斯克和梅塞塔高原等地区进行大规模的抢掠，西班牙经历着一场空前的劫难。

公元 415 年夏，阿陶尔夫被部将杜比奥杀死，阿陶

❦ [西哥特国王阿陶尔夫的雕像]

❦ [西罗马帝国皇帝——霍诺里乌斯]

在霍诺里乌斯统治期间，西罗马帝国各地反叛不断。不列颠行省（就是今天的英国）建立了自治机构，彻底与西罗马帝国的直接统治分离。高卢、西班牙、阿非利加等行省多次出现僭主，在西哥特人攻占罗马城后的 7 年内各地就先后出现了 7 个僭主，西罗马帝国的分崩离析在霍诺里乌斯统治期间已经不可挽回。

尔夫死后，他的弟弟瓦利亚准备继承他的位置，这时西格里克发动政变，成功代替瓦利亚登上了西哥特王位。西格里克当政时期，为了铲除异己，实行暴政，他下令将阿陶尔夫的六个子女全部杀死，普拉西狄亚王后也被百般虐待。西格里克的暴政引起了许多人的不满，他在当政几个月后也被杀死，阿陶尔夫的弟弟瓦利亚继位。公元418年末，瓦利亚率领西哥特人，以西罗马帝国同盟者的身份定居于阿奎丹，建立了第一个日耳曼王国，建都在图卢兹。

※ 当时西罗马帝国的将军康斯坦西澳喜欢普拉西狄亚公主，他得知公主大婚的消息后大怒，在日耳曼部族的支持下，向西哥特王国发起进攻。同年，西哥特国王阿陶尔夫率军转移，向西班牙内的西罗马军队发起进攻，很快就占领了巴塞罗那。

西哥特国王的弟弟尤里克成了西班牙国王

西哥特人很强，他们的军事实力甚至在当时的西罗马人之上。同时，西班牙境内的苏维汇人在动荡的年代也强大了起来，摆脱了西罗马人的控制，于是西罗马人只好请求

※ [西哥特国王瓦利亚]

※ [西班牙的西哥特装饰浮雕]
这个装饰浮雕来自布尔戈斯省的金塔尼亚圣玛利亚小教堂。

[西哥特式建筑双子马蹄门]

罗马式建筑多半圆形拱门,而西哥特式的拱门则是典型的马蹄门拱。"双子"指的是两个门拱共用一个拱基的建筑风格。后来被认为是伊斯兰艺术的标志之一的马蹄拱,最早出现在西哥特人的建筑中,并被大量使用,成为西哥特式建筑的标志。

当时的西哥特国王狄奥多里克二世帮忙。西哥特国王老早就想在西罗马帝国那里得到一些好处,他明白机会来了,只要去了西班牙,帮助西罗马军队打败苏维汇人,那么西班牙国王的宝座就一定是自己的了。公元466年,在与苏维汇人作战期间,西哥特国王的弟弟尤里克,继承了狄奥多里克二世的王位,并成功地统治了西班牙。尤里克在位期间(公元466—484年),废除了与西罗马帝国的同盟关系。

尤里克是一个优秀的领导者,伊比利亚半岛简直就是只属于他的舞台,他将苏维汇人赶回了他们的老家加利西亚,把汪达尔人和阿兰人排挤到北非,当时伊比利亚半岛上的所有国家和地区几乎都对他俯首称臣。而这个时候,西罗马帝国灭亡了,尤里克就更加肆无忌惮了,他的势力几乎囊括了西班牙全境和高卢西南部,但是这还不能够满足他的野心,他想要建立一个像罗马帝国一样的超级王国,而西班牙只是满足他野心的开始而已。但他的野心最终没有实现,尤里克在位18年,于公元484年抱憾而逝。他曾认为自己是蒙受上天眷顾的幸运儿,但他的继承人阿拉里克二世显然不是。

西哥特王位动荡

尤里克的继承人即他的儿子阿拉里克二世并没有他父亲那样强大,他甚至可以用平庸来形容。这位平庸的国王在公元507年的武耶战役中被法兰克国王克洛维一世打败,本人也被杀,西哥特王国失去了高卢的大部分地区，只能龟缩在西班牙。西哥特王国的野心被法兰克人粉碎了。

在阿拉里克二世惨死之后，他的私生子盖萨莱克继位，他在位时间只有 4 年，公元 511 年，东哥特的国王狄奥多里克一世以帮助阿拉里克二世的儿子阿玛拉里克继位的借口赶跑了他，自己兼任了西哥特王国的国王，一直到公元 526 年，王位才交给娶了狄奥多里克一世女儿的阿玛拉里克。但是好景不长，公元 531 年，阿玛拉里克被特狄斯杀害，而不久后特狄斯又被他的手下特奥狄赛尔终结了生命，特奥狄赛尔在王位上也没坐多长时间，他的王位很快又被阿尔吉拉取代；此时，东罗马帝国的皇帝又过来了，他协助阿塔纳尔吉德打败了阿尔吉拉的军队，西哥特国王宝座又一次易主。

从此以后，西哥特王国的王位更迭都伴随着杀戮，几乎所有想要成为国王的西哥特人都要想办法将上一个国王杀死才可以，血腥中发展的西哥特王朝不得善终。

❦ [西哥特鹰形别针]
这枚西哥特鹰形别针发现于西班牙南部的巴达霍斯省，现藏于美国马里兰州巴尔的摩市，制造于公元 6 世纪左右。这种别针一般多是成对出现，可能是用来扣住肩上的斗篷。

西哥特认为耶稣只是普通人，他们只相信阿里乌斯派

信仰阿里乌斯派的西哥特王国，认为耶稣只是普通人而已。然而在这个时期的伊比利亚半岛，宗教凌驾于政治之上，信奉天主教的人非常多，于是两者不可避免地来了一场关于心灵的激战。

西哥特王国为了在信仰上占据上风，无情地迫害天主教教士和信徒。

西哥特国王阿拉里克二世，曾因为自己的妻子在宗教信仰上不能与自己站在同一阵线而对她百般虐待，虽然后来阿拉里克二世遭到了他妻子的哥哥希尔德贝的惩罚，但他依然毫不退让。

❦ 西哥特国王利奥维吉尔德在位的时候，他的儿子埃尔蒙涅吉尔德几番纠结后投入了天主教的怀抱。老国王在多次规劝无果的情况下，怒不可遏地让人在监狱里处死了他无辜又可怜的孩子。于是在那一天，即公元 585 年 4 月 13 日，圣复活节诞生了。

[伊西多尔]

❦ 为了维护王国的统一,西哥特国王雷卡雷德一世(586—601年在位)于公元589年召开第三次托莱多宗教会议,定天主教为国教。

于是在这种宗教思想的分歧下,野心家出现了。教义分歧下产生的毒瘤,渗透进了社会的方方面面,无论是家庭还是朝堂都充斥着阴谋诡计,信仰着阿里乌斯派的父亲将信奉天主教的儿子赶出家门,国王的权威不能震慑这片地区,西哥特国王的宝座在信仰冲突面前摇摇欲坠。

第一位信奉天主教的国王雷卡雷德一世

公元586年5月,雷卡雷德一世继承了他父亲利奥维吉尔德的王位。在他父亲的统治时代,曾试图在阿里乌斯派的基础上统一天主教徒和阿里乌斯派教徒的信仰,为此发生了一系列不应该发生的悲剧。比如,公元579年他的儿子埃尔蒙涅吉尔德与法兰克公主结婚后改信天主教,于公元585年发动反阿里乌斯派的叛乱,被他镇压。雷卡雷德一世清楚地认识到,国家信仰必须要统一,统一信仰从这个时候开始慢慢成了西哥特人念念不忘的

❦ 知识链接:杰出的教士伊西多尔

塞维利亚人伊西多尔是西哥特时代西班牙最杰出的教士,他受人尊敬,教育了几代西哥特国王,他的著作《词源或起源》让他成为当之无愧的智者,这部巨著囊括了几乎所有的学科:语法、数学、医学、法学等。这本巨著把希腊最前沿的学术内容带到了西班牙,而且他还在古人的智慧上得出了新的结论,证明了地球围绕太阳转,将数字概念加以明确化,其他的学科也被他或多或少地加以丰富,西班牙最宝贵的知识宝库非伊西多尔莫属。

除了智者的身份,伊西多尔还是一位杰出的精神领袖,他成为西哥特国王的老师,将野蛮的西哥特国王变成文化精英,虽然他仍是个教士,他的学生也都是教士,但是这并不与他拥有丰富的学问相矛盾。

[西哥特式雕花石窗]

[《雷卡雷德的皈依》-1887 年]

第 1 章 动荡不安的伊比利亚半岛

信念。于是，雷卡雷德一世登上王位后干的第一件事，就是处理好他父亲留给他的烂摊子，他要重新指明国家未来的道路。他和他父亲的主张截然不同，他召回了被他父亲赶走的人，归还了他们被没收的财产，甚至还背叛了阿里乌斯派，在上位一年后，皈依了天主教。

雷卡雷德一世的种种做法在西哥特王国引起了轩然大波，西哥特王国要变天了，阿里乌斯派的信徒们绝不允许国王这么胡闹下去。很快叛乱就出现了，叛乱者以老王后戈斯温特为首，他们甚至为了让雷卡雷德一世打消荒谬的念头，向法兰克王国承诺用赛普蒂曼尼亚省来换取援助的军队。雷卡雷德一世丝毫没有被吓倒，他以雷霆手段将所有的叛乱者逮捕，然后交给法庭，戈斯温特到死都还怀着仇恨。公元 589 年，雷卡雷德一世

[西班牙施洗者圣约翰教堂的柱头装饰]

柱头装饰是以圣经故事《但以理在狮坑》为背景的雕刻。故事大概是这样的：大流士朝中的高官试图陷害但以理，遂求王下旨在 30 日内严禁人向王以外的任何神或人祷告祈求，违者必被扔在狮子坑中。但以理不理禁令，仍照常向耶和华祷告祈求。他最终被扔进狮子坑里，而耶和华施行奇迹，派天使封住狮子的口，但以理毫发无损。

海洋与文明 西班牙 | 29

❦ 犹太人的祖先原本生活在西亚地中海东岸一带，曾经建立过强大的以色列王国和犹太王国，后来以色列王国被亚述人侵占，而犹太王国则被巴比伦人征服。从中世纪到近代前，犹太人经历着居无定所的流浪岁月。

❦ 犹太人的祖先名字叫雅各，他是以撒的儿子、亚伯拉罕的孙子，后来改名为"以色列"，建立了最早的以色列王国。

定天主教为西哥特王国国教。

雷卡雷德一世是一位善良的君主，他曾两次（分别为586—587年和589—590年）被叛逆者赶下王座，但也两次复辟成功，在他统治的时代，阿里乌斯派在西哥特的发展被终结。他的一生都在反对战争，但是又不得不承认，温驯只是他的面具，他轻而易举地瓦解了西哥特王国的宗教危机，让王权与教权在这里完美结合，他为西哥特王国创造了一个盛世，在他去世时，西哥特人满心悲痛，泣不成声，这位安静的、和蔼的君主一直被西班牙人怀念。

迫害犹太人

尽管雷卡雷德一世宣扬宗教信仰是自由的，他说他反对暴力强迫别人改变自己的信仰，但是在雷卡雷德一世之后的西哥特王国的新国王西斯布特，却开始迫害犹太人，他甚至公开宣布："西哥特王国境内任何不是天主教徒的人，国王不予容忍。"他颁布了一系列针对犹太人的酷刑。

在国王的号召下，犹太人遭到全面的排挤，信奉异教的犹太人都成为"骗子"，没有人再去相信他们的话，犹太人不能再讨论政治，甚至用武力强制要求他们改宗，否则西班牙将不会再有犹太人的家园。犹太人面临两个选择：要么改宗，要么永久离开西班牙。所以有些犹太人不得不违背自己的良心，他们变成了基督徒，可是国王还是没有放过他们，国王下令没收了犹太人的财产，还禁止他们嫁娶。

犹太人在这种种压迫下，终于弯下了他们挺直的脊背，他们几乎承受了灭顶之灾，他们变得谄媚，但是总算在西班牙活下来了，虽然是苟延残喘，但终归是在这里活了下去。

❦ [油画中的犹太人远祖亚伯拉罕]

阿拉伯人入侵伊比利亚半岛

西哥特人最后的命运也并不美好,他们倒在了阿拉伯人的刀下。

8世纪初,东方伊斯兰势力逐渐壮大,他们把目光投向了地中海沿岸,更具体一点,他们闻到了由西班牙吹来的海风。于是阿拉伯战士们千方百计地抓住了每

❊ 公元710年,西哥特国王威蒂萨去世,王国内部因继承人问题爆发战争,支持老国王的儿子阿希拉和支持罗德里戈大公的人开始了内讧。

❊ [西哥特国王罗德里戈和他的军队]

一次登上伊比利亚半岛的机会,尽管他们对那里发生过的和正在发生的事一无所知。但是,阿拉伯人依旧派战士们去了那里抢劫,然后回来七嘴八舌地向哈里发汇报自己看到的情况:什么西哥特人针对犹太人啦,君主制日益崩溃啦,教士们控制了政权啦……

终于,也许是时机到了,西哥特王国的末代君主罗德里戈逼迫共治国王阿

❊ 战败而绝望的西哥特国王罗德里戈,究竟逃去了哪里?150年后,葡萄牙的赛维乌盖的石板上发现了一个墓志铭:"最后的哥特王罗德里戈长眠于此。"——"国王"才总算被发现。

❊ 入侵西班牙的西哥特人信仰基督教中的一支——阿里乌斯派,西班牙土著信仰的则是罗马天主教,西哥特人不断地欺骗西班牙人,这里充满了怨恨和不满,再加上西哥特人迫害当地犹太教徒,强迫他们改奉基督教,当时的西哥特王国简直可以说乱成一团了。

[第一个入侵西班牙的柏柏尔人将军塔里克·伊本·齐亚德]

公元711年，塔里克奉穆萨之命率300阿拉伯骑兵和7000柏柏尔军队渡海，作为穆萨的侦察部队登陆西班牙。

> 休达港的统治者朱利安伯爵虽然是西哥特国王的臣子，却无比仇恨罗德里戈。因为他曾将女儿弗洛琳达送到西哥特本土作人质，没想到却被罗德里戈强暴。因此得知阿拉伯人准备攻打西哥特王国时，这位愤怒的父亲立刻选择了与阿拉伯人合作，为阿拉伯人提供大量船只运输军队。

希拉让位。为了报复罗德里戈，公元711年，阿希拉勾引阿拉伯人，跨过海洋来到伊比利亚半岛。

西哥特国王罗德里戈逃得无影无踪

公元711年，阿拉伯人在征服了北非的柏柏尔人后入侵了伊比利亚半岛。7月19日，他们与西哥特国王罗德里戈的军队在瓜拉特河沿岸展开了一场恶斗。

西哥特人以骁勇善战闻名，但却抵挡不住阿拉伯人的疯狂。这场战争的结局是西哥特人惨败，西哥特国王罗德里戈丢下了他的国家和子民逃得无影无踪。

以哈里发的名义宣布，伊比利亚半岛从此归伊斯兰教统治

西哥特国王罗德里戈战败的那一瞬间，伊比利亚半岛的大门从此向阿拉伯人敞开了。阿拉伯人风一般地席卷了伊比利亚半岛所有的城市，就算是还有忠于西哥特王朝的人及军队，他们也无法对阿拉伯

[征服北非柏柏尔人的阿拉伯名将穆萨·伊本·努赛尔]

公元708年，穆萨担任伊非里基亚（今非洲）总督（埃米尔），随即对西北非柏柏尔人发动大举进攻，彻底摧毁了柏柏尔人的势力，并强迫其大规模改信伊斯兰教。期间还组建海军，袭击西西里、撒丁等岛屿。公元711年，穆萨派驻丹吉尔的副官塔里克·伊本·齐亚德率一支7000人军队越过直布罗陀海峡，在一座山上建立了根据地，后来这座山就被命名为塔里克山，阿拉伯语叫贾巴尔·塔里克，现在的直布罗陀海峡由此得名。

> "直布罗陀"这个地名就是西班牙语衍生自阿拉伯语的词组：贾巴尔·塔里克，意为"塔里克之山"。

❋ [托莱多太阳门]

托莱多不仅是一座欧洲历史名城,也是一座孕育了西班牙文化的主要城市。虽然其命运多舛,万幸它在不同民族和文化更迭下,保留了许多珍贵的艺术和历史遗迹。

托莱多太阳门始建于14世纪,有着满满的阿拉伯建筑风格。这座门之所以叫"太阳门",其实有两种说法。第一种说法是取自于门上的太阳与月亮的图案;还有一种说法是这座门正好居于子午线零刻度上,因此它从日升到日落都能够被阳光照射到,因此被称为太阳门。

人形成威胁。于是在托莱多城,伊非里基亚的总督穆萨以哈里发的名义宣布,伊比利亚半岛从此归伊斯兰教统治。就这样,曾和罗马帝国周旋了200多年的西班牙转眼间就成了伊斯兰教的天下。

❋ 公元710年7月,阿拉伯人的第一个侦察队在西班牙一个半岛登陆,侦察队长泰利夫是穆萨·伊本·努赛尔的侍从。这个半岛,现在叫塔里法半岛,就是因泰利夫而得名的,原来叫泰利夫半岛。

❋ 哈里发是指穆罕默德去世以后,伊斯兰阿拉伯帝国统治者的称谓,是伊斯兰政治、宗教领袖(即阿拉伯帝国的"皇帝")。

第1章 动荡不安的伊比利亚半岛

❋ [托莱多用软件制成的世界地图]

海洋与文明 西班牙 | 33

伊斯兰教开始征服西班牙

据西班牙人的记载,西班牙之所以被阿拉伯人入侵,是因为居住在这里的犹太人的勾引,犹太人和阿拉伯人普遍建立了合作关系,他们甚至把自己的土地借给阿拉伯人居住,这为后来西班牙驱赶犹太人埋下了伏笔。

西哥特王朝时期的犹太人在基督教的统治下,生活尤为艰辛,而伊斯兰教的到来缓解了犹太人的窘境。显然伊斯兰教没有像基督教那样"孤立"犹太人。

> 阿拉伯人对于西班牙的入侵,真正开始于倭马亚王朝时期,在结束了本国内部斗争之后,阿拉伯人开始渡海扩张。倭马亚王朝是麦加阿拉伯贵族古莱什部落12支系中最强盛的一支,其统治时间自公元661年始,至公元750年终。该王朝是穆斯林历史上最强盛的王朝之一。

[科尔多瓦大清真寺]

倭马亚王朝被阿布·阿拔斯(外号"萨法赫",意为屠夫)推翻后,有一名幸存者阿卜杜勒·拉赫曼(即日后的阿卜杜勒·拉赫曼一世)逃至西班牙地区,并于公元756年在那里建立了后倭马亚王朝。该政权在阿拉伯帝国的倭马亚王朝崩溃之后长期以科尔多瓦为中心统治伊比利亚半岛广大地区。公元786年,他在罗马和西哥特教堂的基础上改建了这个清真寺。

> 事实上,自公元714年以后,伊比利亚半岛大部分的土地都落入阿拉伯帝国的手中,西哥特人的残余势力退到了伊比利亚半岛的北部山区,只能借地利抵挡阿拉伯人潮水般的进攻。

伊斯兰教的传播主要是依靠征服来完成的。阿拉伯人来到西班牙的同时,也将伊斯兰教带到了这里,于是基督教和伊斯兰教的较量就此展开。为了加强伊斯兰教对西班牙的影响,许多信奉伊斯兰教的人来到了这里,开始强迫西班牙人转信伊斯兰教,于是那些懦弱的土著人加入了穆斯林行列,但是这种强迫没有被西班牙人全面接受。

西班牙成为伊斯兰教的一个中心

公元 750 年，由于阿拉伯人向欧洲扩张的野心被打破，他们撤军回到伊比利亚半岛，西班牙成为伊斯兰教的一个中心，西班牙的伊斯兰教文化也随之发展到一个全盛时期，不过这个"盛世"也只是伊斯兰的盛世而已，和基督教完全没有关系。因为西班牙人从来没有放弃过抵抗穆斯林。

西班牙文化与阿拉伯文化并不兼容

从 8 世纪初开始，西班牙人和穆斯林的斗争，或者说基督教和伊斯兰教的较量无处不在，教堂还是清真寺？战斗还是融合？西班牙终于觉醒……

> 倭马亚王朝在征服伊比利亚半岛后，决定继续北上，翻过比利牛斯山进攻法兰克王国，不过这次他们被法兰克王国宫相查理·马特（即铁锤查理）率领的法兰克军队在图尔战役中击败，阿拉伯军队主帅阿卜杜勒·拉赫曼一世战死沙场，其在伊比利亚半岛的势力因此元气大伤，再也无力翻过比利牛斯山脉北征西欧。

第 1 章 动荡不安的伊比利亚半岛

[描绘阿卜杜勒·拉赫曼一世大战法兰克军队的油画]

海洋与文明 西班牙 | 35

❧ [科尔多瓦大清真寺]

公元 1238 年之后，科尔多瓦大清真寺被改为罗马天主教的主教座堂。公元 1523 年，又在伊斯兰建筑的中心开始修建文艺复兴风格的圣殿。

❧ [阿尔罕布拉宫一角]

阿尔罕布拉宫是西班牙的著名宫殿，是中世纪摩尔人在西班牙建立的格拉纳达埃米尔国的王宫。为摩尔人留存在西班牙所有古迹中的精华，有宫殿之城和世界奇迹之称。

❧ 摩尔人多指中世纪时期居住在伊比利亚半岛、西西里岛、马耳他、马格里布和西非的穆斯林。

伊比利亚半岛上的西班牙人是基督教的忠实守护者，但是在阿拉伯人或者说在更早以前的柏柏尔人来到这里后，关于宗教的较量就已经开始。

基督教在教义里拼命强调上帝的概念，但是伊斯兰教却认为上帝只是一个机器，他负责创造世界，也只是创造世界而已，与可怜的人类没有任何关联，他们的天堂是关于肉欲的天堂。

然而，穆罕默德创造的真主安拉，对于近 700 年都在受基督教熏陶的西班牙人来说还是太过勉强，因为基督教告诉他们：上帝通过化身，与人合二为一，圣父、圣子、圣灵三位一体，耶稣基督用闪亮的纽带把造物主与创造物联系在一起。这两个教义大不相同。

西班牙在表面上暂时妥协

在阿拉伯人统治西班牙期间，很多西班牙人最终妥协，背叛了自己原本的信仰，但是也有一部分人只是表面上皈依了伊斯兰教而已。

到了10世纪，西班牙北部山区的基督教小王国阿斯图里亚斯，开始同阿拉伯人展开斗争，并成功收复了西班牙北部地区。于是阿拉伯人将位于北非的柏柏尔人引入西班牙，西班牙的光复事业遭受了大逆转，柏柏尔人几乎又一次占领了整个西班牙，伊斯兰教在危难中保住了自己的优势，可同时阿拉伯人在西班牙的地位也被同为穆斯林的柏柏尔人取代了。从此，随着柏柏尔人的势力增长，排挤非穆斯林的力量也开始加大，犹太人因此被穆斯林抛弃。

阿拉伯人的统治让人多少有点喘不过气，但是在阿拉伯人统治时期，不得不夸一句，有着高度发达文明的阿拉伯人，也把自己的文明带到了西班牙，当时的西班牙不管是在农业、商业、政治还是文化建设方面，都走在欧洲的最前列。

※ 在农业方面，阿拉伯人把东方和非洲的稻米、姜黄、甘蔗、橘子、桃子、杏子、柠檬、棉花、桑树、蚕、甜瓜、枣、椰子和葡萄等输入西班牙，并大力推广水利灌溉，使西班牙的农业很快发展起来。

※ 阿拉伯人还从东方向西班牙输入了马和马利诺种羊，加速了畜牧业的发展。

※ 阿拉伯人在西班牙还建立和发展了范围很大的手工业，如矿产、冶金、陶器、珐琅器皿、棉织品、呢绒、丝绸、皮革、造纸、酿酒、玻璃、武器制造等，都相当发达。

※ 在文化科学方面，阿拉伯人把中国、印度、希腊关于地理学的概念、阿拉伯人的航海知识和航海工具、中国的指南针、伊斯兰的医术和关于药用植物的记载以及数学和化学方面的知识，都传给了西班牙。

第1章 动荡不安的伊比利亚半岛

※ [欧洲的指南针]

众所周知，指南针是中国古老的四大发明之一。阿拉伯人统治伊比利亚半岛期间，通过海路将指南针传入欧洲。我们有理由相信，在后面地理大发现时期，西班牙之所以能够迅速崛起，得益于阿拉伯人带来的东方技术。

动荡的伊比利亚半岛

7—10世纪，西班牙的地缘政治区的界限不取决于经济，而是取决于文化和信仰。而文化和信仰将西班牙分成了两个部分：拉丁基督徒区和阿拉伯穆斯林区。两种信仰的激烈冲突，让西班牙很快就陷入了疯狂的战争中，双方各不相让，大打出手。一直到公元1000年，西班牙以一个全新的面貌呈现出来。

收复失地运动时的北方君主们

收复失地运动，又称再征服运动、列康吉斯达运动，是公元718—1492年间，西班牙人反对阿拉伯人占领，收复失地的运动。从公元718年的科法敦加战役开始，到公元1492年的格拉纳达战役结束，共经历了近8个世纪。

收复失地运动首先是从阿斯图里亚斯开始的，当时这里可以说是西班牙的一个"世外桃源"，它地处伊比利亚半岛边缘地带，哪怕是在罗马帝国统治时期，这里也没有被怎么打扰到。

❦ [《科法敦加之战》－油画]

[佩拉约雕像]

佩拉约在科法敦加战役的胜利，被视为收复失地运动的起点。

基督徒从摩尔人手中收复伊比利亚半岛，从佩拉约建立独立的基督教西班牙国家对抗摩尔人政权开始。

第 1 章　动荡不安的伊比利亚半岛

莱昂王国

公元 718 年，以佩拉约为首的西哥特贵族，在北方的阿斯图里亚斯地区，联合山区人民，开始抗击阿拉伯人，在科法敦加战役中，佩拉约的军队击溃了伊斯兰军，并杀死了他们的统帅阿尔·卡玛。这个战役胜利的意义对于整个伊比利亚半岛的基督徒来说是巨大的。在科法敦加之战的鼓舞下，佩拉约获得了阿斯图里亚斯当地豪强的支持，被正式推举为阿斯图里亚斯的统治者。阿斯图里亚斯也成了伊比利亚半岛上第一个摆脱伊斯兰统治的基督教国家。这也标志着西班牙收复失地运动正式打响。

公元 914 年，阿斯图里亚斯的国王加西亚四世，在他的新领地里找到了一个比阿斯图里亚斯更好的地方——莱昂，于是他将国家中心

[莱昂大教堂]

莱昂是莱昂王国的首都，也是中世纪以来去圣地亚哥 – 德孔波斯特拉朝圣的必经之地。

迁往莱昂，从此阿斯图里亚斯王国改名为莱昂王国。

公元 1000 年，西班牙收复失地运动在缓缓地往前推进，从 11 世纪开始，基督教国家在北方相继成立，他们在西北安家，慢慢向东北延伸，最后向南进入伊比利亚半岛腹地。

卡斯蒂利亚

为了更好地组织抗击阿拉伯人，阿斯图里亚斯王国将阿斯图里亚斯东部的卡斯蒂利亚分离出来，慢慢地形成了一个伯爵领地。后来，随着卡斯蒂利亚与阿拉伯人的对抗，这个伯爵领地渐渐地强大了起来，伯爵开始不满自己的身份，并坚持想要脱离莱昂的统治，成立一个独立的国家，到 9 世纪时，卡斯蒂利亚成了一个独立的公国。

公元 1035 年，费尔南多一世正式建立卡斯蒂利亚王国，两年后，卡斯蒂利亚还成功占领了莱昂王国。公元 1469 年，卡斯蒂利亚王位继承人伊莎贝拉一世同阿拉贡王国王子费尔南多二世结婚，奠定了西班牙成为统一王国的基础。

阿拉贡

阿拉贡地区位于伊比利亚半岛东北部，9 世纪初，法兰克人驱逐了此地的阿拉伯势力，建立阿拉贡伯爵领。

[阿拉贡王国的国徽]

阿拉贡原是罗马帝国在比利牛斯山脉南麓的一个行省，公元 711 年西哥特王国被摩尔人征服后，一些西哥特贵族逃到阿拉贡，成立了一个小小的阿拉贡伯国，公元 926 年起成为纳瓦拉王国的属国。公元 1035 年纳瓦拉国王桑乔三世去世，他的私生子拉米罗一世自称阿拉贡国王，阿拉贡从此成为独立王国。

> 加泰罗尼亚位于伊比利亚半岛东北部，今为西班牙的自治区之一。马略卡岛在并入阿拉贡王国之前的大部分中世纪时间里，都是一个独立的伊斯兰王国，大约在公元 1231 年，随着伊比利亚半岛基督教力量在对抗伊斯兰的漫长斗争中取得进展，马略卡岛逐步成为基督教的势力控制范围，并于公元 1344 年被永久地并入阿拉贡王国。

[纳瓦拉王国国王桑乔三世]

桑乔三世身兼多重国王，它是阿拉贡伯爵和纳瓦拉国王（1000 或 1004—1035 年在位），卡斯蒂利亚国王（1029—1035 年），他几乎一统当时西班牙地区所有的基督教国家，但是随后将国土封给四个儿子，使得西班牙再次陷入分裂，而创建阿拉贡王国的就是他的儿子拉米罗一世。

[加泰罗尼亚地区制造的镶嵌金银的海图]

早期波特兰海图是以实用主义为指导的航海图,但到了中世纪以后,出现了用华丽的色彩乃至镶金嵌银描绘出来的、带有明显装饰性目的的海图作品,并成为文艺复兴时期的王侯贵族们展示自己财富的手段之一。这些如艺术品般绘制的精美海图,很多来自于以马略卡岛为代表的西班牙加泰罗尼亚地区,因此这些作品通常被称为"加泰罗尼亚风格的波特兰海图"或"马略卡风格的波特兰海图"。

公元 925 年,阿拉贡伯爵领并入纳瓦拉王国。纳瓦拉王国刚开始只包括了几个比利牛斯伯爵的领地,但是后来纳瓦拉王国扩张到了埃布罗河,公元 1035 年,拉米罗一世获得了阿拉贡,成为独立王国。

加泰罗尼亚

最后值得一提的是加泰罗尼亚。加泰罗尼亚本来是法兰克王国的一个附庸,加泰罗尼亚人受到法兰克王国的影响,本能地想要抗击阿拉伯人,尽管法兰克王国在他们抗击阿拉伯人的过程中并没有给他们什么帮助,但是他们始终没有忘记自己属于法兰克王国。

于是,北方的这些王国们借着杜埃罗河拉起了一道防线,将北方属于基督教的领土保护得密不透风,而随着北方王国的领土不断地扩大,它们的防线也随之向伊比利亚半岛中部地区移动,收复失地运动的战火也随着这条防线向中部地区燃烧。

※ 在西班牙的科尔多瓦,有一个节日叫"庭院节",又叫"庭院开放日",节日期间人们会将自己的庭院精心布置,并向游人开放,你可以走进去参观拍照,再跟主人聊上几句。

※ 中世纪时,科尔多瓦哈里发国,在整个伊比利亚半岛留下了许多建筑遗址。据估算,科尔多瓦在 10 世纪时有 50 万居民,曾是西欧最大的城市。

第 1 章 动荡不安的伊比利亚半岛

❦ [科尔多瓦大清真寺]

大清真寺是科尔多瓦最著名的建筑之一，占地2.34万平方米，分庭院和寺院两大部分。大清真寺几经扩建、改建，工程持续了几百年。基督教王国收复科尔多瓦后，在大清真寺内修建了一座哥特式的教堂，但大清真寺仍基本保留了伊斯兰建筑的风貌。

❦ 在中世纪西班牙历史上，曾经出现过两个有名的王国，那就是卡斯蒂利亚和阿拉贡。这两个伊比利亚半岛上的王国，血缘关系比较密切，世代联姻不断，但争斗和战争也从未停息过。

❦ 卡斯蒂利亚王国在王位继承制度上，大部分会依据《萨利克法典》执行。所谓《萨利克法典》的继承方法，就是指除了男性继承人之外，女子也享受继承权。在历代卡斯蒂利亚国王名单中，也会出现一些女王，她们是享有王位继承权的。

伊比利亚半岛阿拉伯王朝分崩离析

北方的君主们为了光复大业，不断地巩固自己的领土，而西班牙南部的科尔多瓦哈里发国却有点力不从心。西班牙的阿拉伯人内部开始闹矛盾了，阿拉伯王朝的大臣和省长们，想要得到属于自己的土地，他们要分家！

公元1031年，盘踞在西班牙的穆斯林们不再团结，他们瓜分了西班牙的伊斯兰国家，形成了一个又一个派系，北方的基督教王国面对这样的情况，当然是喜闻乐见的。基督徒们在这样的情况下，胆子越来越大，甚至可以说是肆无忌惮了，他们加快了自己扩张的速度，基督徒和穆斯林之间的分界线越来越模糊，基督徒的地盘越来越往南推进了。

纳瓦拉王国

纳瓦拉王国（桑乔六世前称潘普洛纳王国，后才称纳瓦拉王国）包括了比利牛斯山脉两侧西班牙的巴斯克地区和法国的加斯科涅地区。公元824年，巴斯克人伊尼戈·阿里斯塔在潘普洛纳称王。公元1000—1035年的桑乔三世时期，国力达到了顶峰。桑乔三世利用灵活多样的外交和军事手段，包括对外联姻和军事行动，不注重光复摩尔人占据的国土，而是设法夺取其他基督教国家的领地。在其最强大时，纳瓦拉王国几乎包括了除摩尔人占领地区之外的其余整个西班牙北部的地区，建立起了对基督教国家的短暂霸权。

费尔南多一世

费尔南多一世是桑乔三世的幼子。公元1033年，桑乔三世将莱昂国王贝尔穆多三世赶到加利西亚，并让费尔南多一世迎娶了贝尔穆多三世的妹妹莱昂公主桑恰，然后把传统上屏藩莱昂东线的赛亚和萨达尼亚伯爵领作为"嫁妆"交给了费尔南多一世，这片土地后世通称为坎波斯地区。

公元1035年，桑乔三世死后，纳瓦拉王国一分为四，长子加西亚继承了纳瓦拉本土，费尔南多一世继承了卡斯蒂利亚，另外两个儿子拉米罗和冈萨罗则分别继承了阿拉贡和利巴戈萨。龟缩在加利西亚一隅的前莱昂国王贝尔穆多三世趁机杀回了莱昂，重夺了王位。身为卡斯蒂利亚伯爵——莱昂的传统附庸，费尔南多一世选择暂时隐忍并承认了贝尔穆多三世的宗主地位。然而贝尔穆多三世继续施压，试图把割让给卡斯蒂利亚的坎波斯地区也收回来，这遭到了费尔南多一世的迎头痛击。公元1037年9月4日，在双方爆发的塔马龙之战中，在长兄加西亚的纳瓦拉援军的帮助下，费尔南多一世决定性地击败了贝尔穆多三世，后者在一次重骑兵冲锋中落马阵亡。

公元1038年，费尔南多一世成为莱昂国王。过去100年间，卡斯蒂利亚作为莱昂的附庸实力越来越强，独立性越来越高。而费尔南多一世更是以卡斯蒂利亚伯爵的身份取得了莱昂王位。自他开始，卡斯蒂利亚正式

[费尔南多一世]

费尔南多一世（1015—1065年）又称费尔南多一世大帝，是纳瓦拉国王桑乔三世的儿子，约在公元1015年出生。他在公元1029年继承了舅舅加西亚·桑切斯的卡斯蒂利亚伯爵之位；在公元1037年又击败了他的姐夫莱昂国王贝尔穆多三世，并于公元1038年成为新任莱昂国王。

第1章 动荡不安的伊比利亚半岛

费尔南多一世继承卡斯蒂利亚伯爵领时才10岁，当时他的舅舅卡斯蒂利亚伯爵加西亚·桑切斯在位于莱昂的施洗者圣约翰教堂内被一伙卡斯蒂利亚流亡贵族刺杀身亡。他的父亲桑乔三世提名他继承卡斯蒂利亚伯爵之位，但桑乔三世一直掌握着实际统治权，直到去世。

从伯爵领被提升为和莱昂平起平坐的王国。费尔南多一世的头衔从此成了莱昂-卡斯蒂利亚之王。

随着费尔南多一世的势力越来越强大，四兄弟之间的矛盾逐渐出现并激化。首先大约在公元 1045 年，封地最偏远的利巴戈萨的冈萨罗离奇地被自己的手下刺杀。他的领地被长兄加西亚转封给阿拉贡的拉米罗，阿拉贡王国因之成型。接着实力曾经最强的加西亚和因为吞并了莱昂而实现反超的费尔南多一世又闹起了矛盾。野心勃勃的费尔南多一世试图染指其父强行从卡斯蒂利亚割让给纳瓦拉的布雷巴地区。到了公元 1054 年，战端终于全面爆发。这一年 9 月 1 日，在卡斯蒂利亚首都博格斯以东不远的阿塔普埃尔卡山谷爆发了决定卡斯蒂利亚和纳瓦拉两国命运的决战。结果哥哥加西亚在战斗中当场阵亡，弟弟费尔南多一世取得了胜利。战后取得绝对优势的费尔南多一世令卡斯蒂利亚摆脱了对纳瓦拉的从属地位，反倒迫使加西亚的儿子桑乔四世对自己称臣。

[巴达霍斯教堂]

卡斯蒂利亚-莱昂王国在随后的收复失地运动中基本上从始至终担当着头号旗手的角色。阿拉伯王朝的分裂，让费尔南多一世找到了机会，费尔南多一世将西班牙境内的伊斯兰各派系逐个击破，逐步收复了托莱多、萨拉戈萨和巴达霍斯，面对强大的费尔南多一世，日益衰败的阿拉伯人君主不得不俯首称臣。费尔南多一世的动作很快，他几乎没用多少时间就征服了葡萄牙的北部地区，从此这个地区再也不受穆斯林的骚扰。费尔南多一世还想去征服巴伦西亚，但是他的身体已经撑不下去了，所以只能回来。

公元 1065 年的圣诞节前夜，刚满 50 岁的费尔南多一世在莱昂城的大教堂中溘然长逝。他是西班牙收复失地运动史上真正落实了十字方对新月方攻守逆转的君主，并且在这第一轮逆袭中就让六大伊斯兰诸侯中的五个向他俯首称臣。

第 2 章
战火中诞生的帝国

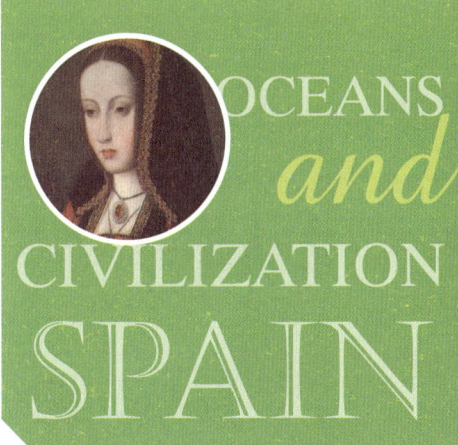

阿拉伯人和西班牙人的矛盾不在于道德，也不在于政治，而在于宗教信仰。这样的矛盾燃起了收复失地运动的火花，最终火花蔓延成火焰，燃烧了近 8 个世纪。

从公元 718 年开始，一直到公元 1492 年 1 月 2 日费尔南多二世和伊莎贝拉一世亲率大军征服了阿拉伯人在西班牙建立的最后一个王国格拉纳达，西班牙全面光复，在这里盘踞了近 800 年的阿拉伯人终于被打败了。

在收复失地运动胜利后，西班牙给了穆斯林和犹太人两个选择：一个是改信天主教，另一个是被没收财产后驱逐。

女王与国王——卡斯蒂利亚与阿拉贡的强强联合

在西班牙还处于西哥特王朝统治的时候，西班牙的统一就已经提上了日程，后来发生的种种大事拖慢了西班牙的统一大业，但是统一的小火苗一直都还在燃烧着。到了 15 世纪，伊比利亚半岛上就剩下三个强国了，即葡萄牙、阿拉贡和卡斯蒂利亚，卡斯蒂利亚无疑是这三个王国里面最强的。到了 15

[阿拉伯人与西班牙人的战争场面 - 壁画]

世纪70年代，随着卡斯蒂利亚王位战争的爆发，原有的政治平衡被彻底打破。最终，相对统一的西班牙在战火中淬炼而出，而其他势力要么另觅出路，要么迅速走向消亡。

伊莎贝拉的继承危机

公元1451年，伊莎贝拉出生于卡斯蒂利亚的牧歌镇，她的父亲是卡斯蒂利亚国王胡安二世。公元1454年，胡安二世死后，由伊莎贝拉同父异母的兄长恩里克四世继承王位。后来对恩里克四世不满的贵族们，却拥立恩里克四世的弟弟阿方索为王。公元1468年，一场兄弟之间的内战爆发了，不久后阿方索突然死去，反对恩里克四世的贵族们又抬出了伊莎贝拉来继续与之对抗。最后双方终于达成和议，停止内战，全体贵族都必须宣誓效忠恩里克四世，伊莎贝拉公主则成为王位继承人，但规定她的婚事必须得到王兄恩里克四世的批准。

[伊莎贝拉一世]

伊莎贝拉一世喜欢穿着白色的衣服，因此当时人们尊称其为"白衣女王"（这可能是她有严重的洁癖的表现）。伊莎贝拉一世容颜端庄、气质高雅，几乎是当时西班牙女性的典范。

第 2 章 战火中诞生的帝国

[恩里克四世]

恩里克四世（1425—1474年），是中世纪晚期卡斯蒂利亚最后一位庸主，他统治期间，诸侯横行，中央衰弱。他的绰号"无能者"，既指政治昏庸，也指性无能。他可能是同性恋者，而妻子淫乱，所以他唯一的孩子胡安娜公主的血统受到怀疑。

伊莎贝拉公主是一个虔诚的基督徒，她作为皇家公主，早在父亲胡安二世在世时，就和阿拉贡的王子费尔南多订下了婚约。

随着卡斯蒂利亚的实力越来越强大，恩里克四世觉得靠联姻已经无法从阿拉贡获得更多的利益，所以恩里克四世为她准备了更好的婚姻对象，那就是比她大20岁的鳏夫葡萄牙国王阿方索五世，但是被伊莎贝拉拒绝了。恩里克四世为了强迫她按照自己的安排去联姻，甚至将她关了起来。伊莎贝拉借口去弟弟阿方索的墓地祭拜，逃出了宫廷。公元1469年10月19日，18岁的伊莎贝拉公主与阿拉贡的王位继承人费尔南多王子在阿拉贡国王约翰二世的安排下，秘密在巴亚多利德的比韦罗宫结了婚。

❦ [葡萄牙国王阿方索五世]

阿方索五世就是葡萄牙著名的恩里克王子的侄子。阿方索五世于公元1463年亲征非洲,搞活了象牙海岸地区的贸易。

❦ 伊莎贝拉一世和费尔南多二世共同生育了1个儿子和4个女儿,但是儿子早夭,后来还因此闹出王位继承问题。

❦ 伊莎贝拉和费尔南多的婚姻过程很曲折。早在伊莎贝拉的父亲胡安二世在世时,他们就订下了婚约。她的哥哥恩里克四世曾为了利益,想让伊莎贝拉和费尔南多的哥哥查理联姻,但查理不久就被阿拉贡国王约翰二世关了起来,并在公元1461年死了。公元1465年,恩里克四世又想把她嫁给葡萄牙国王阿方索五世,伊莎贝拉并不喜欢他,立即就拒绝了。后来,为了安抚国内的反对势力,恩里克四世又想把她嫁给大臣胡安·帕切科的兄弟为妻,这个人在与伊莎贝拉见面之前,突然就死了。恩里克四世还曾想把伊莎贝拉嫁给英格兰国王爱德华四世,或者是他的弟弟格罗斯特公爵理查,伊莎贝拉再次拒绝了,后来在阿拉贡国王约翰二世的安排下,伊莎贝拉与费尔南多才秘密结了婚。

伊莎贝拉的这一举动激怒了恩里克四世,恩里克四世以伊莎贝拉不遵守协议为由,宣布剥夺她的继承权,改立他自己的女儿胡安娜为王位继承人。

卡斯蒂利亚王位继承战争

公元1474年,恩里克四世去世,没有留下遗嘱,未能给自己的女儿、13岁的胡安娜安排王位继承,伊莎贝拉和胡安娜均宣布自己继位,卡斯蒂利亚内部出现了王

❦ [西班牙影片《疯女胡安娜》海报]

影片讲述的是伊莎贝拉的女儿胡安娜的故事。在影片前半段讲述的是伊莎贝拉嫁给费尔南多的情景。

位继承问题，葡萄牙和法国看到这个机会，不约而同地卷入了卡斯蒂利亚的王位继承战争中。

胡安娜是恩里克四世的女儿，恩里克四世去世前曾经宣布剥夺伊莎贝拉的王位继承权，按照当时的继承法，卡斯蒂利亚王位应该由胡安娜继承才对。但是，因为当时西班牙流传恩里克四世患有不孕症，所以胡安娜公主的血统遭到了怀疑（官方史料也记载她并非恩里克四世亲生），这才使得伊莎贝拉有机会在舆论的引导下，在被恩里克四世剥夺了王位继承权的情况下，依然能够坐稳王位。

> ❋ 阿拉贡是西班牙历史最悠久的地区之一，著名画家戈雅的故乡。位于西班牙东北部，曾经先后被罗马人、阿拉伯人统治过。

> ❋ 费尔南多二世和伊莎贝拉一世的第一个成就，就是征服了伊比利亚半岛上最后一个伊斯兰教国家格拉纳达（1492年），从而结束了西班牙历史上的收复失地运动。

第 2 章　战火中诞生的帝国

❋ [电影《伊莎贝拉》中费尔南多王子与伊莎贝拉结婚的场景]
阿拉贡国王费尔南多二世和卡斯蒂利亚女王伊莎贝拉一世通过婚姻结合，统一了西班牙，奠定了西班牙以后的国家基础。

伊莎贝拉刚继位就面临两个私人问题造成的危机，其一是夫妇间的争吵，伊莎贝拉并未及时通知远在阿拉贡的费尔南多关于恩里克四世驾崩的消息，企图断绝他索取卡斯蒂利亚王位的希望。伊莎贝拉女王独自掌权而非依附于丈夫，打破了西班牙的传统。后来为了缓解矛盾，

> ❋ 费尔南多二世是西班牙专制制度的创始人。他最大限度地削弱了贵族和城市的力量，从而将国家的权力集中在国王一人手中。

海洋与文明　西班牙　｜　49

❦ [恩里克四世的第二位王后葡萄牙的胡安娜]
恩里克四世的生育能力一直饱受诟病，因为在其第一段13年的婚姻生活里，他的王后布兰卡居然还是个处女，而且和他的第二任王后葡萄牙的胡安娜生的女儿胡安娜，据说不是他的亲生骨肉，所以历史上又将恩里克四世称为"无能者"，而他的第二位王后却以淫荡而出名。

夫妻俩签署《塞戈维亚协定》，约定事实上女王是卡斯蒂利亚的"主权女王"，费尔南多与她共同署名。其二则是一个被抛弃的追求者造成的。伊莎贝拉的前追求者、葡萄牙国王阿方索五世要求伊莎贝拉和费尔南多退位，拥护胡安娜继位，企图攫取卡斯蒂利亚的政权，最终两国开战。

❦ 由于恩里克四世在第一段婚姻中无有所出，当时的贵族担心大权旁落，所以要求国王立他同父异母的弟弟阿方索为王储，为此还发起了叛乱。可是战乱刚刚平息，阿方索就患病身亡，各方势力都在猜测其死亡原因，最终支持阿方索的势力都转投到伊莎贝拉公主麾下。这才让伊莎贝拉公主有权继承王位。

🌱 葡萄牙和卡斯蒂利亚的战争

当时伊比利亚半岛上有三个强国，即卡斯蒂利亚、阿拉贡和葡萄牙，其中两个忽然联合成了一个，这让另一个感到极其不安，葡萄牙担心再这样下去，卡斯蒂利亚王国会彻底称霸伊比利亚半岛，于是在卡斯蒂利亚爆发王位继承危机的时候，葡萄牙联手法国插手了卡斯蒂利亚的家务事。

阿方索五世与胡安娜公主结婚

胡安娜的母亲是葡萄牙公主，她向绰号"非洲人"的阿方索五世求援，得到了阿方索五世的响应。为了名正言顺，阿方索五世甚至不惜宣布和自己的外甥女胡安娜结婚。在卡斯蒂利亚王国的王位继承问题上，胡安娜公主得到了丈夫阿方索五世的支持。

公元1475年，按捺不住的阿方索五世直接派军队翻越了卡斯蒂利亚王国的边界对伊莎贝拉公主进行挑衅，他想直接用武力表明，葡萄牙支持的人只有葡萄牙的王后胡安娜公主。两国随即爆发了激烈的战争，即"1475—1479年战争"。

法国与葡萄牙结盟

卡斯蒂利亚王国曾在收复失地运动中得到法国十字军骑士的帮助，所以之前法国和卡斯蒂利亚一直都还保持着合作的关系。但今时不同往日了，在伊莎贝拉公主和费尔南多王子结婚后，阿拉贡国王曾要求法国归还被其控制的阿拉贡领土罗塞永，法国国王路易十一拒绝了，双方矛盾形成，法国理所当然地和葡萄牙站在了同一阵线上。不过两者毕竟相隔遥远，法国在刚开始的时候没有像葡萄牙那样表现得很焦虑，只是在观望着。

从此，卡斯蒂利亚关于王位继承问题的内战演变成了一场国际性的战争。

❖ [阿方索五世]

阿方索五世为葡萄牙国王杜阿尔特一世之子，母亲是阿拉贡的埃莉诺。在位时间为1438-1481年，期间贵族把持了国家大政方针的走向：重新开始征服北非——这也是他"非洲人"绰号的由来。

❖ [法国国王路易十一]

路易十一（1423年7月3日—1483年8月30日）是法兰西国土统一的奠基人，又称"万能蜘蛛""法兰西领土的凑合者"，他吞并了勃艮第公国、安茹公国、普罗旺斯伯国和曼恩伯国等，基本统一了法兰西全境。

> 被人称为"万能蜘蛛"的法国国王路易十一素以诡诈、机智、老练,并具有惊人的活动能力闻名。他仍保留着查理七世建立的常备军,但是在统一全国过程中,除了诉诸武力,他宁愿更多地利用继承权和外交作为手段,软硬兼施,纵横捭阖,以达到目的。

葡、法两面夹击卡斯蒂利亚

葡萄牙和法国的结盟,让卡斯蒂利亚陷入了被动的局面。战争爆发没多久,卡斯蒂利亚王国的许多地区就被葡萄牙攻克了,最重要的是葡萄牙占领了一个重要地区——托罗,这让卡斯蒂利亚的局面更显紧张,这还不算完,法国在这个时候又从卡斯蒂利亚的北部闯进来了,他们的目的只有一个,那就是逼迫伊莎贝拉投降,改拥立胡安娜公主为新的卡斯蒂利亚女王。伊莎贝拉没有妥

❋ [西班牙托罗]

托罗位于西班牙萨莫拉省境内,是主要的6个葡萄酒产区之一。早在800年以前,卡斯蒂利亚王国的贵族就喜欢喝托罗的葡萄酒,到了1987年后,该地获得了"法产葡萄酒产区"的称号。

❋ [托罗之战]

协，她迅速制定好最佳的作战方案，再加上丈夫的支持，很快就开始反击。

公元1476年3月1日，托罗战役爆发，这场战争中，葡萄牙被打败，阿方索五世溃败而逃，卡斯蒂利亚人缴获了葡萄牙王旗。虽然这次战役没有决定性，但伊莎贝拉宣布这是上帝的意愿，在她的宣传下托罗战役变成了卡斯蒂利亚辉煌的胜利。这让葡萄牙的军队失去了勇气，但葡萄牙国王阿方索五世仍然不甘心就这样认输，他试图再一次联合法国重新发起进攻。就在这个时候，阿拉贡王国忽然宣布放弃向法国讨回对罗塞永的主权，法国和阿拉贡王国的矛盾顿时消失，法国退出了卡斯蒂利亚的王位继承战争，只剩下梅里达地区仍有支军队支持着胡安娜公主。

❀ [加那利群岛上出产的马铃薯]

在《阿尔卡科瓦斯条约》中新划入卡斯蒂利亚的加那利群岛上出产一种马铃薯，它就是紫薯。在如今谈转基因色变的时刻，这样的马铃薯是否也证明了神秘的"紫色食品"并不完全是转变基因而来？

葡萄牙和卡斯蒂利亚互相妥协

公元1479年，伊莎贝拉的丈夫费尔南多二世在梅里达地区击退了胡安娜公主的最后一支拥护者，葡萄牙不得不妥协，与伊莎贝拉一世签订了《阿尔卡科瓦斯条约》，在这个条约中，两个国家都互相做了妥协，双方停战后葡萄牙国王承认了伊莎贝拉一世的王位，同时关于大西洋上的群岛，也划分好了它们的归属权，西班牙承认葡萄牙对几内亚、马德拉群岛、亚速尔群岛、弗洛雷斯岛和佛德角的管辖权，而卡斯蒂利亚得到了加那利群岛。至此，卡斯蒂利亚王位继承战争结束，为了修复卡斯蒂利亚和葡萄牙的关系，伊莎贝拉一世将女儿许配给了葡萄牙国王的儿子阿方索王子。同时，伊莎贝拉一世也承诺不干扰葡萄牙在非洲的殖民活动。从此，伊莎贝拉一世便以女王的身份同费尔南多二世一起，领导着西班牙的全面光复。

❀ 争夺王位失败后，胡安娜公主进入了修道院中隐修，直至公元1530年去世。

他们接下来的目标，就是收回伊比利亚半岛上最后一个阿拉伯人统治的地区——格拉纳达。

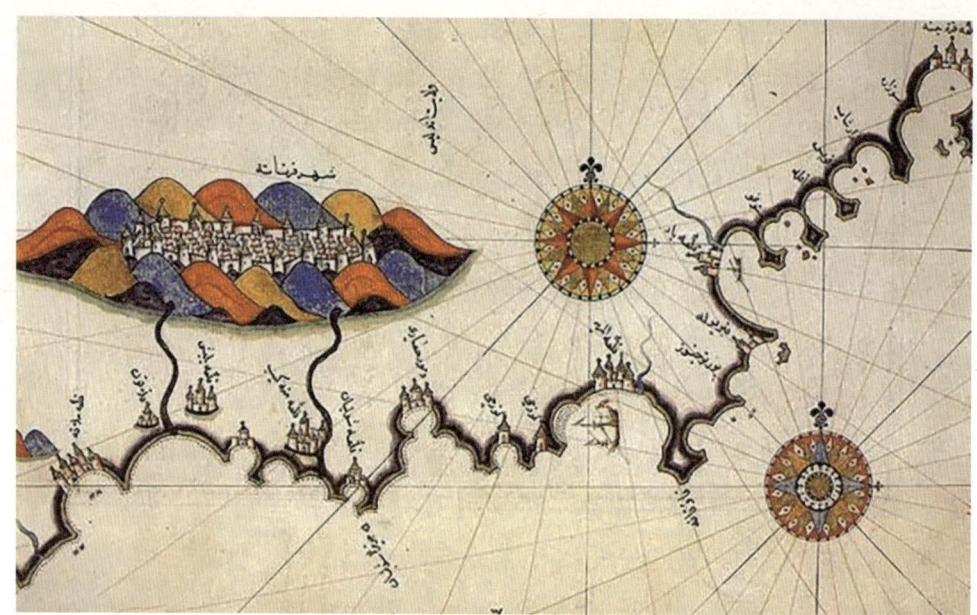

[穆斯林地图中的格拉纳达]

收复天主教领地格拉纳达

伊莎贝拉一世和费尔南多二世都是狂热的基督徒,这两个人不允许在自己的地盘上有任何其他的信仰出现,被伊斯兰教统治的格拉纳达地区实在是太碍眼了,他们需要全面光复伊比利亚半岛上基督教的领土。

格拉纳达末日的钟声被敲响

伊莎贝拉一世结束与葡萄牙的战争后,转而担心起南部与伊斯兰世界的边界,格拉纳达在公元 1474 年也产生了新的国王阿布·哈桑·阿里,在中断给卡斯蒂利亚纳贡后,两国军事摩擦不断,伊斯兰军队在西班牙南部如入无人之境,伊莎贝拉与

[格拉纳达的王室宫殿 Palau de l'Almudaina]
这是西班牙一座历史悠久的王室宫殿,它的历史最早可追溯到摩尔人,今天它仍在使用中。

> 格拉纳达能够保持独立的原因之一就是它的地理位置。它位于西班牙南部的内华达山脉。该山脉为任何入侵的军队创造了一个天然的障碍。因此,尽管军力弱于卡斯蒂利亚王国,但由于山区的防御优势很大,所以它存活了下来。

费尔南多也鞭长莫及;特别是公元1481年穆斯林突袭了西班牙南部的重镇撒阿拉,这让伊莎贝拉和费尔南多尤为恼火,于是他们决定全面进攻格拉纳达。

沿途烧杀抢掠,阿拉伯人开城投降

伊莎贝拉一世和费尔南多二世做了很多准备,公元1482年2月27日,他们攻陷了被喻为格拉纳达的"眼睛"的阿尔阿马,这是伊莎贝拉一世在收复失地运动中的第一次大胜,意义重大。但他们随后在洛哈和阿士阿奇亚遭受惨败,这让伊莎贝拉一世意识到需要更好的战略谋划,同时也必须尊重敌人的力量、顽强和足智多谋。

[格拉纳达末代国王阿卜杜勒·埃尔·奇科]

公元1485年5月22日,卡斯蒂利亚占领了龙达,解放了400余名基督徒奴隶,接着又控制了马贝拉。费尔南多二世率军再次攻打4年前失败的洛哈并顺利攻下。

公元1489年12月,格拉纳达国王撒加尔交出了阿尔梅里亚、瓜迪斯,卖掉安达卢西亚的财产后到北非定居。阿尔梅里亚的投降切断了格拉纳达与整个南海岸的联系,再也无法获得海上增援。

公元1490年的春天,费尔南多二世的军队前往格拉纳达地区,他们抢劫了城外的所有村庄,并围困了格拉纳达城,使得城内的粮食被断绝。

这种情况下,格拉纳达城内的阿拉伯人只有两种结

[格拉纳达地区贵族的头盔]

公元1489年的一系列事件，影响到了当时非常流行的象棋，女王成为棋盘上最强大的主宰性的棋子。

果，要不然饿死，要不然被围攻，不过聪明的阿拉伯人选择了第三种方式。

公元1492年1月2日，格拉纳达的守城人阿卜杜勒亲自打开了格拉纳达的大门，将费尔南多夫妇迎了进来，格拉纳达投降。

持续近8个世纪的收复失地运动终于结束

费尔南多二世派人率兵进入了格拉纳达城，整个城内的阿拉伯士兵都被屠杀，西班牙士兵似乎杀红了眼，无数人在这场战争中牺牲，平民被抓住后只有一个下场，那就是变为奴隶，而众多繁华的城镇因为战火变成废墟一片，在格拉纳达的街头挤满了因为战争丢掉家园的流民。

战争结束后，阿拉伯人与女王伊莎贝拉一世签订了《科尔多瓦条约》。自此，西班牙持续了近8个世纪的收复失地运动结束。

[15世纪时的西班牙步兵]

《科尔多瓦条约》规定：西班牙王国保证臣民的信仰自由，保留臣民自己的生活习惯；摩尔人（西班牙人对穆斯林的蔑称）犯罪，应根据伊斯兰教法处罚。该条约的签订是为了处理收复失地运动后西班牙内部的宗教问题，事实上，不少西班牙人本身也是为了生存而改信基督教的。

[接受阿拉伯人投降的费尔南多二世和伊莎贝拉一世]

伊莎贝拉一世的天主教事业

收复格拉纳达、大败阿拉伯人的胜利让人陶醉,胜利者想要将胜利永远的掌握在自己的手中,他们要开始进行大清理了,毕竟西班牙是一个基督教国家,而伊莎贝拉一世夫妇一直是狂热的天主教徒。

西班牙宗教裁判所

当时的西班牙境内各种宗教都有,主要包括犹太教、伊斯兰教和天主教。打败阿拉伯人后,女王伊莎贝拉一世夫妇最先考虑的就是如何让自己的国家变得更加统一,他们意识到统一宗教是关键。夫妇俩为了巩固自己的统治,在收复失地运动期间创立了一个让所有人都闻风丧胆的组织——宗教裁判所。

> 西班牙宗教裁判所用以维护天主教的正统性,以残酷手段惩罚异端,经教宗思道四世指责,直至19世纪初始取消。

[西班牙宗教裁判所刑罚 - 吊刑]

这种酷刑至少有3种形式。一是将受刑者双臂捆于背后,再用一根绳索绑在他的手腕上,穿过屋顶横梁将受刑者吊起。另一种形式与前一种差别不大,但施刑者会随意松动绳索,令受刑者从半空中突然下跌一定高度。还有一种形式是将受刑者的双臂捆于身前,手腕和脚踝被捆绑在一起如吊猪仔般吊起,这种做法除了会对手臂造成疼痛和伤害,也会给脚部和髋部带来严重损伤。

❧ [西班牙宗教裁判所刑罚－犹大座椅]

这是一个金字塔形的椅子，受刑者被全身赤裸地吊在椅子上方，通过起重装置放下，尖锐的金字塔尖缓缓刺入肛门或阴部。由于施刑者可通过机械装置反复起降受刑者，令尖端不断刺入后者体内，给受刑者带来精神和肉体上的双重痛苦。

公元1483年，西班牙成立了最高宗教法庭，这是一个集法官、陪审团、起诉律师和调查人于一体的法庭，因其审判手段之残忍而臭名远扬。

在当时，一个人一旦被宗教裁判所定义为嫌疑人，那么很难再洗清自己的嫌疑了，他们甚至都没办法知道自己犯了什么错，因为所有控告的证据都是保密的，包括原告的名字。如果嫌疑人对自己的控告有异议，那么等待他的将是严刑拷打，直到他承认自己的"错误"为止。宗教裁判所的最高刑罚是火刑，据说，当时被烧死在火刑架上的至少有2000人。

西班牙宗教裁判所的头目是一个极端狂热的僧侣托马斯·汤戈马达，他是伊莎贝拉一世的私人忏悔神父。宗教裁判所虽然得到了教皇的认可，但是实际上是在西班牙国王的控制之下，主要对象是在宗教上有离经叛道

> ❧ 宗教裁判所最早于公元1231年成立，由于此法庭是负责侦察、审判和裁决天主教会异端的法庭，曾有监禁和处死异端等职责，权力十分大，所以当西班牙要成立宗教裁判所时，起初罗马教皇西克斯特四世表示了拒绝，但费尔南多二世随即威胁要撤出驻守在梵蒂冈的西班牙军队，以及在奥斯曼帝国对基督教世界的威胁日益增长的情况下，放弃保卫基督教世界的"神圣使命"。教皇屈服了，发布了《需要真诚的奉献》敕令，允许西班牙建立自己的宗教裁判所。

[西班牙宗教裁判所刑罚－火刑]
上图内容，记述的是公元1559年5月1日，14名新教徒被宗教裁判所施以火刑。

行径的嫌疑分子，特别是一些犹太教徒和伊斯兰教徒，他们名义上已经改信天主教，但在暗地里却在继续信仰自己先前的宗教。

胜利后大清洗，驱逐外族人

起初宗教裁判所并没有把矛头指向那些把自己的信仰公开出来的犹太教徒，但是公元1492年在狂热的汤戈马达的极力主张下，费尔南多二世和伊莎贝拉一世签署

[《宗教审判现场》－油画]
上图是弗朗西斯科·戈雅的油画作品《宗教审判现场》。公元1478—1834年间，西班牙宗教裁判所的执法范围囊括了西班牙本土、加那利群岛、西属尼德兰、那不勒斯王国、美洲西属殖民地等一系列自治领及海外殖民地，在此期间，共有15万人遭受宗教裁判所的酷刑审讯，其中3000～4000人被处决，大多数受害者是犹太人和穆斯林。

第2章 战火中诞生的帝国

❧ 起初宗教裁判所主要针对的是犹太教徒，在公元1492年，国王夫妇签订了一个犹太人驱逐令：要不然改信天主教，要不然在4个月内离开西班牙。这个驱逐令给犹太人带来了巨大的灾难，许多犹太人惨死。

❧ [执行火刑现场]

❧ 公元1517—1546年，由马丁·路德提议开始了一场宗教改革运动。他所发起并领导的宗教改革运动席卷整个欧洲，永久性地结束了罗马天主教会对于西欧的封建神权统治。这是一场在宗教外衣掩饰下发动的反对封建统治和罗马教会神权统治的政治运动。

了一项法令，规定所有西班牙的犹太教徒如果不改信天主教，就要在4个月内离开西班牙，并且不允许携带财产出境。这道驱逐令对大约20万犹太教徒来说是一场大灾难，许多人未来得及找到一个安全的避难之所便横遭杀身之祸。西班牙境内很大一部分最勤劳、最精明的商人和手艺人流离失所，因此西班牙在经济上遭受了一次严重的打击。

当格拉纳达投降时，双方签订的和平协议规定居住在西班牙的伊斯兰教徒可以继续信仰自己的宗教。事实上，西班牙政府不久便践踏了这项协议，因此摩尔人奋起反抗，但却遭到失败。公元1502年，所有住在西班牙的伊斯兰教徒都被迫做出选择，不是改信天主教就是流亡国外，同样的选择在10年前就摆在了犹太教徒面前。

伊莎贝拉一世虽然是个狂热的天主教徒，但是她依然不允许让宗教凌驾于自己的君主统治之上，她绝不会让西班牙的君主制处于教皇的控制之下，也正因为这个，当时席卷了全欧洲的宗教改革运动并没有怎么影响到西班牙。

第 2 章 战火中诞生的帝国

❋ [钉宣传文字的马丁·路德]

❋ [宗教改革的倡导者——马丁·路德]

马丁·路德出生于德意志，他发动了一场抗议罗马天主教会的宗教改革运动。

公元 1517 年 10 月 31 日，马丁·路德将他的 95 篇论文钉在威滕伯格城堡教堂的门口，从而标志着新教改革的开始，从这一刻起将永久地分裂西方基督教世界。

🌱 伊莎贝拉一世去世引发的王位之争

公元 1504 年 11 月 26 日，伊莎贝拉一世去世，西班牙的双王系统崩溃，伊莎贝拉一世的丈夫费尔南多二世不能再左右卡斯蒂利亚的发展了，他只能作为阿拉贡国王存在，在妻子去世的当天，费尔南多二世宣布放弃卡斯蒂利亚国王的头衔。

伊莎贝拉一世留下遗嘱剥夺了"疯女"胡安娜的继承权

伊莎贝拉一世有 4 个女儿和一个儿子，但是儿子胡安意外早逝，长女"阿拉贡的"伊莎贝拉嫁给了葡萄牙国王曼努埃尔一世，并于公元 1498 年难产而死。剩下继承权靠前的就是二女儿"疯女"胡安娜，但是，伊莎贝拉一世留下遗嘱剥夺了她的继承权。

"疯女"胡安娜嫁给了"美男子"腓力（哈布斯堡王朝马克西米利安一世的儿子腓力王子），在公元 1500

❋ [伊莎贝拉一世和费尔南多二世的女儿胡安娜]

海洋与文明 西班牙 | 61

✦ [《疯女胡安娜》- 油画]

这幅画描绘的是胡安娜绝望地看着即将下葬的丈夫的情景。画中的女王直挺挺地站着,目光锁定在丈夫的棺椁上,面庞消瘦,双手蜷曲。在她的身边聚集了许多神态各异的朝臣和侍女。

✦ 含着金钥匙出生的胡安娜,嫁给了"美男子"腓力,他不仅人长得好,而且还拥有着欧洲最富有的勃艮第公国的继承权,看似童话般的结局,却成为制造胡安娜悲剧的开始。因为胡安娜深爱自己的丈夫,但她的丈夫却是个花心的男人。

年2月24日,他们生下一个儿子卡洛斯。因为腓力的花心,让"疯女"胡安娜精神崩溃,最后变成了一个疯女人,所以伊莎贝拉一世才留下了遗嘱:我死后"疯女"胡安娜不能做卡斯蒂利亚的女王,等胡安娜的长子卡洛斯长大后再继位。

✦ [胡安娜和丈夫的合葬陵寝 - 格拉纳达皇家礼拜堂]

王室间的政治角逐,令胡安娜的丈夫、父亲和儿子,对这个拥有合法继承权的女人做出一系列正常又不正常的行为,这完全逼疯了她,这才有了"疯女"胡安娜的说法。最后她终于得偿所愿,陪伴在丈夫的身边。

胡安娜成了女王，费尔南多二世摄政

公元 1505 年，因为卡洛斯年幼，国不可一日无君，卡斯蒂利亚议会无奈地宣布让"疯女"胡安娜继位，不过，暂时让父亲费尔南多二世摄政。这让"疯女"胡安娜的丈夫腓力表示十分不理解，他在大贵族的支持下，企图得到卡斯蒂利亚的王位。

此时，阿拉贡国王费尔南多二世一边摄政卡斯蒂利亚，一边又同法国国王路易十二的外甥女杰曼·德·富瓦在布洛瓦结婚，并企图获得卡斯蒂利亚的永久摄政权，但是遭到卡斯蒂利亚贵族们的反对。

腓力一世成为卡斯蒂利亚国王

大贵族们看准时机纷纷开始支持"疯女"胡安娜的丈夫腓力，他们希望能从中得到好处，这种情况下，费尔南多二世不

❦ [费尔南多二世的第二位妻子杰曼·德·富瓦]
费尔南多二世的第二任妻子杰曼为他诞下一子，但由于几个小时之后便夭折了，所以并没有争得继承权。

❦ 公元 1516 年 1 月 23 日，费尔南多二世在卡斯蒂利亚王国埃斯特雷马杜拉的马德里加莱霍去世。他被安葬在位于卡斯蒂利亚王国格拉纳达的皇家礼拜堂内，和他的妻子伊莎贝拉一世、女儿胡安娜和女婿腓力一世安葬在一起。

❦ [手扶粮食的伊莎贝拉和费尔南多]

❧ [被父亲囚禁的胡安娜]
胡安娜被父亲囚禁在托尔德西亚斯的城堡里,身边的小女孩正是她最后生下的小公主卡塔琳娜。

得不放手卡斯蒂利亚王国,腓力终于如愿以偿了。

公元1506年4月,腓力成了卡斯蒂利亚王国的国王(胡安娜是个疯女人,所以国家大权基本上就掌握在腓力手中),即腓力一世,在他执政期间,大贵族们确实得到了很多好处,然而好景不长,腓力一世年底就去世了,于是卡斯蒂利亚的西斯内洛斯大主教建议,要求费尔南多二世回到卡斯蒂利亚来主持大局。

卡洛斯一世成为卡斯蒂利亚和阿拉贡的国王

公元1507年7月,费尔南多二世再次回到卡斯蒂利亚,并以他女儿"疯女"胡安娜的名义摄政,费尔南多二世将胡安娜关进了托尔德西亚斯的城堡里,从此她开始过着与世隔绝的生活。

公元1516年1月23日,费尔南多二世去世,3月4日,卡洛斯一世在布鲁塞尔继承了他应该继承的位置,他成了卡斯蒂利亚和阿拉贡的国王,而他的母亲的情况并没有因为他成为国王而好转。

❧ [卡洛斯一世]
卡洛斯一世又称查理五世,他是奥地利哈布斯堡王朝一员,继承了神圣罗马帝国哈布斯堡王朝皇帝、尼德兰君主、德意志国王和西班牙国王之位。

第 3 章
走向大洋

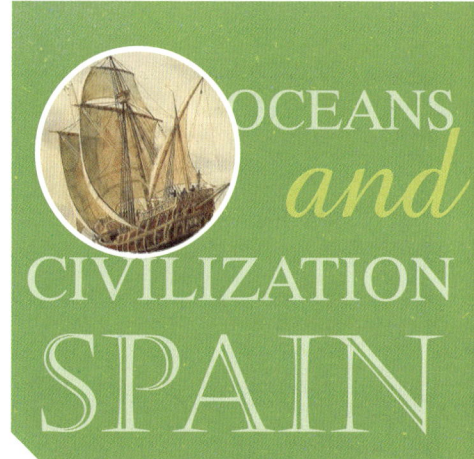

15—17世纪，欧洲的船队出现在世界各地的海洋上，寻找着新的贸易路线和贸易伙伴，这个时期被称为地理大发现，欧洲强国开始走向大洋。

 欧洲人走向大洋

恩格斯说："葡萄牙人在非洲海岸、印度和整个远东寻找的是黄金。黄金一词是驱使西班牙人横渡大西洋到美洲的咒语；黄金是白人刚踏上一个新发现的海岸时所需要的第一件东西。"

欧洲的海盗活动

最早的航海家应该是腓尼基人、中国人和阿拉伯人。欧洲的航海历史非常早，更准确地说是欧洲的海盗，他们长期在大西洋上肆虐，这也让欧洲各国对海洋有了认识。

8—11世纪中期的北欧维京海盗，曾让所有欧洲人闻风丧胆，他们几乎抢劫了整个欧洲，特别是英格兰地区。9世纪下半叶，挪威海盗霸占了冰岛，还有更早以前瑞典海盗到达了东欧和亚洲。欧洲人的航海历史也可以说是他们的海盗史。

《马可·波罗游记》和地圆说让欧洲人为之疯狂

13世纪，意大利人马可·波罗来到中国，后来

[南下的维京海盗军队]

[腓尼基人的航海石刻]

"腓尼基"是古代希腊语，意思是"绛紫色的国度"，原因是腓尼基人居住地方的特产是紫红色染料。腓尼基人强迫奴隶潜入海底采取海蚌，从中提取鲜艳而牢固的颜料，然后染成紫红色布匹运往地中海各国销售。

小说家鲁斯蒂谦将他的事迹写成了《马可·波罗游记》一书，这本书在欧洲风靡一时，欧洲人开始了对东方世界的无限向往，同一时期中国的指南针也传到了欧洲，这为开启大航海时代创造了先决条件。

东方世界，黄金、宝石、美酒……一切闻所未闻的新鲜东西，让欧洲人垂涎三尺，另外在15世纪，古罗马学者托勒密的地圆说在欧洲流传，勾起了大胆的冒险家的征服欲望，地理大发现时代的帷幕就这样缓缓拉开。

[我国第一个有据可查到达非洲的人——杜环]

杜环在唐天宝十年（751年）随高仙芝在怛逻斯城（又名呾逻私城，今哈萨克斯坦江布尔）与大食（阿拉伯帝国）军作战被俘，其后曾游历西亚、北非。经过10年的游历后回国，根据自己的经历写了一本《经行记》（已失传）。

[马可·波罗画偈]

马可·波罗，意大利著名旅行家。公元1271年，他跟随父亲从意大利的威尼斯启程，途经地中海沿岸的阿迦城、亚美尼亚，穿越两河流域，横跨波斯全境，翻越帕米尔高原，进入疏勒、沙州，沿着这条古老的陆上丝绸之路来到中国。马可·波罗在中国生活了17年，他遍游中国，以一个外来人的角度记述了中国的风土人情、贸易等方方面面。公元1292年，马可·波罗护送阔阔真从刺桐城出发，经过东南亚，横跨印度洋到达了波斯，然后自波斯辗转回到了威尼斯。

葡萄牙人的探险：殖民地横跨了半个地球

葡萄牙是伊比利亚半岛上的一个弹丸小国，他们是大航海时代的开启者，葡萄牙王国从建立时起，就非常注重发展航海事业。

葡萄牙最伟大的航海家是恩里克王子，他虽从来没有参与过葡萄牙的任何一次远航活动，但他一直都以指挥家的身份出现在葡萄牙的航海历史上。他为葡萄牙训练了一大批航海者，引导葡萄牙人闯入非洲，他为了得到象牙、黄金还有黑奴而不择手段，葡萄牙的航海事业由他带进了繁荣期。

葡萄牙的航海家迪亚士、达·伽马分别发现了好望角、印度等，这些都是葡萄牙航海史上辉煌的篇章，葡萄牙殖民帝国被建立起来，当时的葡萄牙富得流油，殖民地更是横跨了半个地球。

> 马可·波罗时的威尼斯，准确地说应该叫威尼斯共和国，是一个靠海吃海的海洋贸易强国。

[葡萄牙国旗]

公元1143年，一个独立的君主制国家葡萄牙在收复失地运动中应运而生，并且得到了罗马教皇的承认，这是欧洲大陆上出现的第一个统一的民族国家。

第 3 章 走向大洋

[葡萄牙航海纪念碑上的恩里克王子]

在葡萄牙航海纪念碑上排在第一位的就是恩里克王子。恩里克王子又被称为亨利王子，全名为唐·阿方索·恩里克，是葡萄牙亲王、航海家，因设立航海学校、奖励航海事业而被称为"航海者"。在他的支持下，葡萄牙船队在非洲西海岸至几内亚一带，掠取黄金和象牙，抓捕黑奴，并先后占领马德拉群岛等。

❋ [巴尔托洛梅乌·缪·迪亚士－油画]
迪亚士出生于葡萄牙的一个王族世家,在他读过《马可·波罗游记》之后便向往东方,加上他青年时代就喜欢海上的探险活动,曾随船到过西非的一些国家,积累了丰富的航海经验,就这样迪亚士成了葡萄牙第一批出海的冒险家。

❋ [瓦斯科·达·伽马]

❋ [肯尼亚海岸马林迪的达·伽马纪念柱]

双牙协议瓜分世界

在航海史上，葡萄牙首先拉开了地理大发现的序幕，但绝不能说西班牙在发现世界方面落后于葡萄牙。

西班牙仅仅只是因为统一的时间稍晚，但也是发现世界和殖民扩张的主角之一。它是一个有着航海传统的国家，卡斯蒂利亚女王伊莎贝拉一世夫妇在批准哥伦布远航寻找印度之前，就已经与葡萄牙在大西洋上有了碰撞。

西班牙和葡萄牙在大西洋上的冲突

公元1420年，伊比利亚半岛上的两个国家第一次在大西洋上发生冲突。当时葡萄牙的恩里克王子盯上了大西洋上的加那利群岛。加那利群岛是非洲西北海域的一个岛屿群，早在公元1402年，法国探险家让·德贝当古就来到了这里，两年后，他在卡斯蒂利亚国王亨利三世的支持下占领了兰萨罗特、富埃特文图拉和费罗三岛，

> **阿拉贡王国的居民擅长造船和航海**
>
> 公元1217年，卡斯蒂利亚拥有一支世界上最具创造力的海军，他们控制着地中海大部分地区。公元1371年，卡斯蒂利亚的帆船的船舷上首先装上了大炮，这领先了西欧各国好几年，甚至连大炮的发源地中国都没有想过炮的这种用途。

第3章 走向大洋

[加那利群岛上的戈梅拉岛]

[加那利群岛海岸]

公元前 40 年，毛里塔尼亚国王尤巴二世派远征队到此，见岛上有许多躯体巨大的狗，遂称该群岛为加那利岛，意为"狗岛"。而罗马人见岛上风光绮丽，气候宜人，又把它称为"幸福岛"。

并建立了殖民统治。恩里克王子派出的舰队在让·德贝当古未完全占领的戈梅拉岛上建立了据点。

卡斯蒂利亚获知了这个消息后，派人去跟葡萄牙交涉，卡斯蒂利亚代表团强调，加那利群岛的主权拥有者是卡斯蒂利亚，希望葡萄牙放弃进军该岛，这次交涉显然没有多大用处，葡萄牙的舰队在第二年的时候又来到了加那利群岛，而且向卡斯蒂利亚提出，让他们放弃对加那利群岛的主权，对于这种无理要求，卡斯蒂利亚理所当然地拒绝了。

公元 1435 年，恩里克王子以加那利群岛暂时无人占领为由，向教皇尤金四世讨了一张特许状，得到了在加那利群岛的殖民权。卡斯蒂利亚国王胡安二世知道后极其愤怒，他觉得教皇的决定太过武断，于是派人去向教皇解释说加那利群岛早就已经被卡斯蒂利亚占领，随后，教皇又紧急向葡萄牙发出了一道命令，收回那张特许状，理由是因为葡萄牙对教皇的误导，才会导致出现这种错误的决定。

葡萄牙打击非洲西海岸来自卡斯蒂利亚的海盗

葡萄牙在加那利群岛问题上没有捞到好处，于是将目光放在了非洲大陆上，教皇承认了葡萄牙在非洲活动的合法性。非洲西海岸虽然是葡萄牙的地盘，但是那里常年有来自卡斯蒂利亚的海盗活动，而且十分猖獗，葡萄牙多次向卡斯蒂利亚提出抗议，均无果，他们能做的只有加强打击海盗的力度，然而葡萄牙不仅打击了海盗，连卡斯蒂利亚正常航行的船只和人员也常被带走扣押。这让卡斯蒂利亚很愤怒，于是又找到了教皇。

双牙协议瓜分世界：西班牙向西，葡萄牙向东

此时的教皇是尼古拉五世，他对伊比利亚半岛上的两个国家很是头疼，在一系列的调解后，公元1454年，西班牙同意了葡萄牙对非洲西海岸的贸易垄断权，事情终于告一段落，但西班牙的航海家们不满葡萄牙就这样长期霸占非洲，他们根本无视协议，依然还是去往非洲

[教皇亚历山大六世]

前任教皇尼古拉五世的一道敕书，把葡萄牙人在非洲海岸发现的领土送给葡萄牙人。于是，当哥伦布发现新的"印度"之后，西班牙就开始要求新一任教皇亚历山大六世根据以往的"传统"，将印度划给西班牙。

> 教皇亚历山大六世被认为是文艺复兴时期教廷腐败堕落的象征，也是一位行为最为放荡和不择手段的教皇，他在政治上也拥有超出寻常的野心，并以大肆敛财和为儿子处心积虑地谋夺好处而臭名昭著。另外，他也是第一位公开承认自己与情人有子嗣的教皇。

> 自从公元1454年教皇尼古拉五世颁布敕书，把葡萄牙人在非洲海岸发现的领土送给葡萄牙之后，拥有强大经济实力和军事力量的西班牙便向葡萄牙帝国的霸权提出了挑战。

[教皇尼古拉五世]

尼古拉五世即位时，正是西欧各国走向民主国家的时期，中古基督教共和国的大同理想已经没落，而罗马教皇也已经没有能力以"世界统治者"的身份领导国际政治了。但他仍以一己之力努力完成他的愿望。西班牙与葡萄牙出现的殖民地纠纷，起初是由这位教皇裁定的。

[西班牙、葡萄牙和教皇就地盘问题而引发的讨论－油画]

西海岸探险，这似乎和之前没有什么区别。这些西班牙探险者们被葡萄牙人发现后，常常连船带人都被扣押下来。同时，葡萄牙还派兵对西班牙拥有主权的加那利群岛进行骚扰，两国矛盾不断，教皇的调解还得继续。

很多年过去，西班牙、葡萄牙和教皇都没有想出什么好的办法，一直到公元1480年，两国终于再次达成协议。这次协议中葡萄牙答应放弃对加那利群岛的企图，西班牙也承认葡萄牙对非洲贸易的垄断权，这其实就表达了一个意思：瓜分世界，西班牙向西，葡萄牙向东。西班牙之后又付出了惨重代价，终于在公元1496年才算真正征服了加那利群岛的全部岛屿。

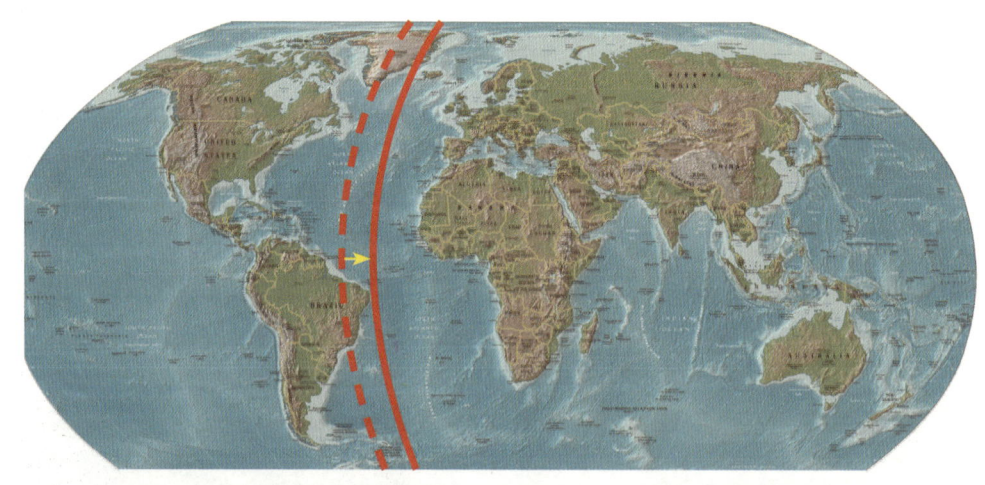

[第一次瓜分世界划定的分界线（虚线为第一次划定的，实线为第二次更定的）]

在划定了分界线不到一年后葡萄牙国王就后悔了，强烈要求重新划定分界线，不然就要以死相逼。于是经过协商以公元1494年6月7日签订的《托德西利亚斯条约》为标准。将分界线向西移动了270里格，之后，随着地图的进一步扩大，发现了美洲并不是传说中的亚洲，于是他们在公元1529年又签订了《萨拉戈萨条约》，在摩鹿加群岛以东17度的地方划出了一条正式分割出了东半球的分界线。

风口浪尖的幸运儿哥伦布

同为伊比利亚半岛上的国家，西班牙又怎能不眼红葡萄牙殖民帝国呢？它也需要去发现更远的陆地，殖民更多的土地。

西班牙最著名的航海家哥伦布并不是西班牙人，而是意大利人。哥伦布出身卑微，但足够努力，他被地圆说深深吸引，他认为一路向西横渡大西洋，可以寻找到一条新航线抵达亚洲。

哥伦布的探险计划：所需探险费用庞大

哥伦布无疑是一个大胆的航海家，他是地圆说的忠实粉丝，决定走一条从来没有人走过的路，向西去往东方盛产黄金和香料的地方。这个计划的风险实在太大，当时几乎所有的人去往东方都是绕过好望角，走葡萄牙开辟出来的那条通往东方的航线，这条航线几乎没有风险就能到达传说中的东方世界，但是也因为大家都在走这条航线，所以得到的报酬虽然丰富，但也没有想象中的那么多。哥伦布的计划是开辟一条通往东方的新航线，虽然冒险，但是一旦成功，得到的收益是无可估量的。

哥伦布开始着手准备实现他的计划，第一步就是要解决钱的问题，哥伦布是一个穷小子，他的计划需要有人支持，否则就只能是空想了，于是他开始物色投资家。

因为探险所需费用庞大，而且很有可能血本无归，所以哥伦布寻找投资的尝试一次又一次的失败，直到他来到了伊比利亚半岛。

葡萄牙对哥伦布的航海计划没有兴趣

葡萄牙是当时航海界的先行者，当时欧洲几乎所有的航海家都渴望能得到葡萄牙的垂青，哥伦布也不例外，但是葡萄牙对哥伦布的探险计划没有兴趣。

[哥伦布]

哥伦布全名克里斯托弗·哥伦布，他出生于注重海洋贸易的热那亚，受地圆说影响，以及《马可·波罗游记》的吸引，从而开始涉足探索新航线的征程。

[哥伦布和他的长子]

葡萄牙对哥伦布的计划做了一个评估，评估的结果是这个航海计划几乎没有什么价值。

首先，葡萄牙已经有了去往亚洲黄金城的最佳路线，完全没有必要再去寻找一条未知的航线。

❦ 在近10年的时间里，哥伦布向几个欧洲君主国家提出请求，以资助他通过西部海上航线前往亚洲的探险，都遭到了拒绝，他们告诉哥伦布，他的计算结果不正确，并且过程时间比预期的要长，所以没有人愿意在他身上投资。

其次，虽然当时在欧洲地圆说已经被大部分人所接受了，但这毕竟是假说，哥伦布欲依靠地圆说，横渡大西洋去往东方的黄金城，葡萄牙却认为这是妄想。后来的结果证实了葡萄牙做出的评估是正确的，哥伦布确实没有到达东方，他发现的新大陆只是他错误道路上的一个美丽的意外而已。

哥伦布曾在公元1483年和1488年两次向葡萄牙提出向西航向印度的建议，都遭到了葡萄牙的拒绝。

❦ [《哥伦布面见西班牙双王》- 油画]

其实除了认为哥伦布不值得投资之外，还有哥伦布提出的过分要求，例如他要求"航海司令"的头衔，10%的战利品回报，并且要求将他发现的每个国家的总督权过继给他的后代。开始的时候西班牙女王伊莎贝拉一世也同样拒绝了他，但她却指定了一个特别委员会考虑哥伦布的计划，同时给哥伦布发放皇家俸禄。直到6年后也就是公元1492年才发了批文。

[《哥伦布在游说西班牙双王》-油画]

哥伦布来到了西班牙，女王对他的计划很看好

西班牙的航海历史远远落后于葡萄牙，而葡萄牙又几乎垄断了向东的所有航线，西班牙一直找不到打破葡萄牙垄断航线的办法，这时候哥伦布来了。公元1484年，在葡萄牙籍的妻子去世后，哥伦布决定到西班牙去游说。

公元1486年，伊莎贝拉一世决定成立一个特别委员会研究哥伦布的计划。公元1489年，这个委员会拖了3年后否决了哥伦布的提议。这期间，哥伦布还派他弟弟到英国寻求支持，英国国王亨利三世也表示没有兴趣。

哥伦布几乎绝望了，准备和弟弟回到葡萄牙，重拾绘制海图的老本行。这个时候，伊莎贝拉一世不愧是一代人杰，她力排众议，力挺哥伦布的计划。因为如果真的像哥伦布说的，能够大幅缩短到印度的航程，那么西班牙将可能在印度取得

[哥伦布舰队的旗舰"圣玛利亚"号]

"圣玛利亚"号是公元1492—1493年哥伦布首航美洲舰队3艘船（"圣玛利亚"号、"平塔"号、"尼尼亚"号）中的旗舰。此舰只是一艘普通的帆船，在公元1492年2月25日夜晚，"圣玛利亚"号搁浅受损。

[《登陆美洲的哥伦布一行人》– 油画]

哥伦布一行开辟了从欧洲横渡大西洋到美洲并安全返回的新航线,从而把美洲和欧洲、进而把新大陆和旧大陆紧密地联系起来,并且他对认为的"西印度地区"做了较详细的记载和描绘,使旧大陆的人们对这里有了初步的认识和了解。

> 到达美洲的外族有很多。第一批应该是印第安人,他们到达的时间是在距今 65 000 年至 15 000 年的最后一次大冰河期;公元前最后一次到达美洲的便是生活在美洲北极圈内的因纽特人。

> 公元 1492 年 10 月 12 日,是世界历史上重要的一天。今天的洪都拉斯、巴西、厄瓜多尔、委内瑞拉、智利、哥伦比亚、巴拉圭、哥斯达黎加、巴哈马、美国等十几个国家把这一天或这一天前后定为美洲发现日——哥伦布日,予以纪念。西班牙则定其为国庆节,予以庆祝。

主导权,后来居上压过葡萄牙。伊莎贝拉一世召见了哥伦布,赐予他一些金钱,并重新成立了一个特别委员会,批准了哥伦布的航海计划。

为了资助哥伦布探险,女王将值钱的首饰全部卖掉了

公元 1492 年 4 月,西班牙王室与哥伦布签订了著名的《圣塔菲协定》。协定规定:行政上,女王封哥伦布为海军元帅,在探险中发现和占领的岛屿和陆地上,他将担任当地的总督。经济上,哥伦布可以从这些领地中经营黄金、珠宝、香料以及其他商品的收益中获取 1/10,并一概免税,还有权对一切开往那些占领地的船收取 1/8 的股份。另外,哥伦布所有的爵位、职位和权力都可以由他的继承人世袭。

伊莎贝拉一世几乎满足了哥伦布全部的要求,由于探险所需费用庞大,加上当时西班牙刚刚结束战争,为此伊莎贝拉一世甚至将自己所有值钱的首饰全部卖掉了,将金币交给了哥伦布,希望他不要让自己失望。

重刑犯成为哥伦布船队的船员

伊莎贝拉一世为哥伦布组建了一个船队，由旗舰"圣玛利亚"号和另外两艘船组成，一艘是"尼尼亚"号，还有一艘是"平塔"号。

公元1492年8月3日，哥伦布登上了旗舰"圣玛利亚"号，带着给印度君主和中国皇帝的国书，从西班牙的巴罗斯港扬帆出海。整个船队共有120人，这些人的组成很复杂，除了西班牙王室派来的监督官员，剩下的船员中有很多是从监狱里放出来的重刑犯。因为航海探险面临的风险太大，几乎没有水手愿意踏上这样一条危险的道路。

不只是西班牙，葡萄牙也是这样，将重刑犯用于航海探险，在当时成了探险界一个默认的规矩，只要能够成功回来，这些重刑犯就能减免刑罚，这对那些重刑犯来说，诱惑还是很大的。

哥伦布的第一次远航

哥伦布的伟大航海开始了，8月25日，他们在所熟悉的海域航行，来到西班牙所有的加那利群岛，他们在这里进行了简单的修整，然后继续驶向未知的海域。9月6日，

[哥伦布辞别伊莎贝拉一世]
公元1492年8月3日，哥伦布辞别了西班牙女王，率领"圣玛利亚"号、"平塔"号和"尼尼亚"号，由近120名成员组成的探险队出海。

第3章 走向大洋

海洋与文明 西班牙

❧ [哥伦布第一次远航时发现的第一个岛：华特林岛]

华特林岛今天叫圣萨尔瓦多岛，是属于巴哈马群岛中的一个小岛。这里地势低平，多沼泽和湖泊，气候温和，是集静谧与壮阔兼备的休闲度假好去处。

❧《哥伦布航海日记》

哥伦布一生中经历了四次远航，在海上漂泊的时间太过漫长，而且生活太苦了，第一次远航的时候，船员甚至一度坚持不下去。哥伦布也开始感到有些许迷茫，但是作为领头人，他不能倒下，于是他将每天发生的事以日记的形式记录下来，意在提醒自己，也是为了鼓励自己。后来他的航海日记被人发现，被翻译成多国语言广为流传，原来日记中不只是记载了哥伦布的海上经历，更记载了哥伦布等人对于黄金的渴望，甚至连他们为夺得黄金而不择手段的计谋也被清清楚楚地记录下来了。

《哥伦布航海日记》是欧洲第一部记叙新大陆和欧洲人在新大陆上活动的作品，一经问世，就引起了轰动，从而大家也都知道了，哥伦布其实一直被自己蒙在鼓里，他并没有找到所谓的黄金城，但这都不妨碍他成为世界上最伟大的航海家之一，也不妨碍他最终能够占据历史上重要的一页。

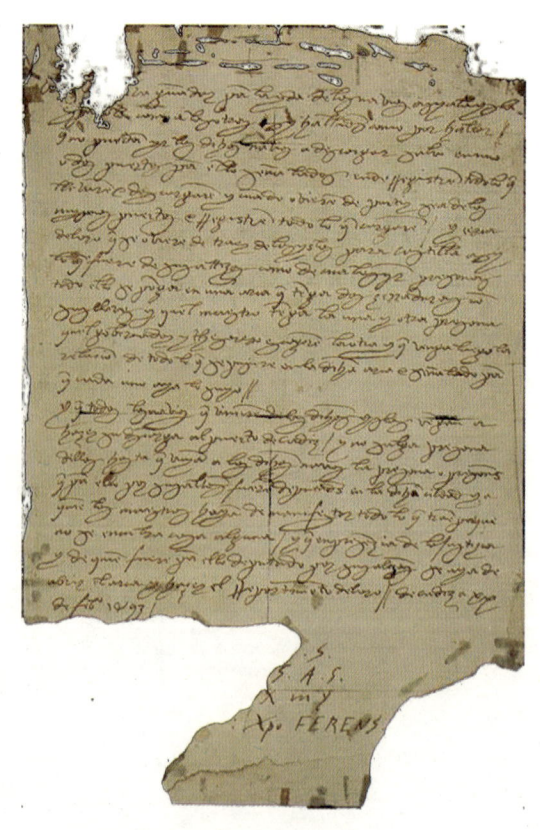

❧ [《哥伦布航海日记》的手稿]

终于踏上了大西洋。

哥伦布进入大西洋后，发现随着时间的推移，船员们的情绪开始慢慢低落，因为总也看不到尽头，总是面对无尽的海洋威胁，不知道陆地在哪里。哥伦布把实际走过的路程少告诉了一些给船员，这样做的目的是告诉船员们其实他们并没有走多远，所以不要着急。但是这样的谎言并不能坚持太长的时间，不安的情绪在船上蔓延。

哥伦布终于看到了陆地

哥伦布的船队在不安和恐惧中继续前进，一直到9月14日，"尼尼亚"号上的船员看见了飞鸟，他们沸腾了，因为听说葡萄牙探险者们在发现陆地之前，也见到了许多鸟，但是哥伦布他们却没有那么幸运，因为他们没有到达陆地，只是到达了马尾藻海，这里大片的海域都被绿色的海藻覆盖着，再加上海上的风忽然停了，船只被迫停在了这里，船员们更恐慌了，所幸不久又有风了，他们继续沿着航线前进。

又差不多过了一个月，船员们又看到了鸟，这次确实是离陆地不远了，10月11日，船员们看见了海面上漂浮着一些陆地上才有的东西，他们终于激动起来了，唱着歌，向上帝表达他们的感谢。

第二天凌晨，他们发现了在月光下发着光的沙滩，"陆地！陆地！"这时候，谁也控制不住自己了，所有人都在喊叫，没错，他们到达陆地了，漫无尽头的航行终于结束了。

欧洲人和美洲人的第一次接触

天亮后，哥伦布带领他的船员登陆了，他们展开西班牙王室的旗帜，宣布代表西班牙国王占领了这里，哥伦布宣布自己为"印度"总督，接下来是神圣的宣誓仪式。

❀ 马尾藻海又叫"魔藻之海"，这是世界上唯一一个没有海岸线的海，覆盖大约450万平方千米的水域。马尾藻海里有大量的无根水草——马尾藻，由于它会将误入这里的船只缠住，使船上的人因淡水和食品用尽而命丧大海，所以这片海域又有"魔藻之海"的恶名。

❀ 自公元1492年10月27日哥伦布第一次远航发现了古巴之后，到了公元1510年就开始征服和殖民古巴了。

❀ **哥伦布第一次远航回到西班牙后发生的故事**

哥伦布回到西班牙后参加了由许多贵族参加的宴会，其中有一个贵族上前挑衅："克里斯托弗先生（哥伦布完整的名字——克里斯托弗·哥伦布），如果您的伟大计划没有完成，而西班牙是一个拥有杰出人才，特别是有许多优秀航海家的地方，一定会出现另一个人去完成你的发现。"哥伦布拿起了一个鸡蛋问他们："我亲爱的先生们，你们中有谁可以尝试一下，不借助任何面包屑、盐或者其他外物而让它立起来吗？"鸡蛋在各位贵族手里转了一圈又转了回来，没有一个人能够做到将它立起来。哥伦布拿起那个鸡蛋，忽然用力将鸡蛋按在了桌子上，蛋壳破裂了，但鸡蛋却立起来了。这使得贵族们羞愧不已，不敢再奚落哥伦布了。

第3章 走向大洋

他们的动静太大了，周围的土著人全部围过来，土著人不知道他们要干什么，只是觉得好笑，哥伦布却觉得他在这里即将成为上帝一样的存在。

这些土著人显得那么无知，那么落后，这对于哥伦布来说是一件好事情。这些无知的野蛮人，多么好控制啊！这是欧洲人对美洲人最初的印象。

哥伦布认为自己到达了印度，于是他将这些人称为印第安人。这些善良而单纯的印第安人不知道接下来他们要面对的事情会有多么恐怖，他们的厄运要来了。

哥伦布寻找黄金城，坚信自己来到了印度

哥伦布不仅是一个探险家，还是一个商人，他计划远航的初衷，也不过是为了满足他自己对黄金的欲望罢了，他以为自己来到了黄金城，于是他开始疯狂地寻找黄金。

他巡视自己的地盘，去了古巴、小西班牙岛（现在的海地），还有很多其他的地方，他一直期待着能够找到马可·波罗到过的地方，但是他始终都没有在这里找到传说中盛产黄金的地方，他只找到了烟草，还有一些原始的居民。但是哥伦布一直都坚信这里就是印度，他只是还没有找到他应该找到的东西而已。

哥伦布返航，第一次远航结束

公元 1493 年，哥伦布率领船队返航了，途中遭遇到大风暴，几乎让他们全军覆没，不过他们最后还是于公元 1493 年 3 月 15 日成功地回到了西班牙。

哥伦布没有带回他承诺的那么多的黄金，他带回了一些欧洲人从来没有见过的新鲜东西，几个印第安奴隶，花花绿绿的鹦鹉，还有一些欧洲大陆上从来没有出现过的水果等。但是这些都不是最重要的，伊莎贝拉一世夫妇对他找到了新陆地的结果感到很满意。

[哥伦布雕像]

❋ 土豆，又叫马铃薯，原产于南美洲的安第斯山区，公元 1492 年，哥伦布不仅发现了新大陆，也发现了印第安人的土豆。在哥伦布第一次远航发现新大陆后，土豆作为"战利品"被带回了西班牙。因其甘甜软糯的味道和口感，伊莎贝拉一世夫妇迅速喜欢上了这种新食物。

哥伦布又出发

公元 1493 年 3 月,哥伦布结束了他的第一次远航,他虽然没有带回承诺过的黄金,但是带回来了希望,他的发现轰动了欧洲大陆,西班牙无数的冒险家都渴求能够登上哥伦布的船,他们被黄金迷惑了眼睛,美洲大陆上的浩劫注定要开始了。

❦ [托勒密《地理学指南》中的地图-15世纪]

在哥伦布发现新大陆以前,它是最权威的世界地图。

美洲殖民由此开始

哥伦布发现了美洲后,西班牙向美洲的全面扩张活动也心照不宣地提上了议程。公元 1493 年 9 月,哥伦布又从西班牙的加的斯港出发了,这一次航行与上一次不同的是,哥伦布几乎没有花费多大力气就组建好了一支庞大的船队,西班牙的年轻人也纷纷主动想要加入进来,这一次船队显得浩浩荡荡,并且也比较专业了。

❀ [哥伦布第二次远航的始发港口——加的斯港]

加的斯港位于西班牙西南沿海，它是西班牙最古老的城市，由腓尼基人建于公元前1000年。作为一座风景优美的古城，加的斯具有得天独厚的沙滩环境。延伸至海边的山脉，使此地免受北风侵袭，一年四季风和日丽，别具地中海情调，每年都会吸引大量的观光客前来。

❀ 哥伦布发现了多米尼加岛之后，在当地建立了圣诞节堡。哥伦布后来在圣诞节堡东边建立了伊莎贝拉堡，以纪念当时的西班牙伊莎贝拉女王，伊莎贝拉堡成为西班牙在美洲的第一个殖民地，5年后由于当地传染病肆虐，人们只得迁到西班牙岛南方。

❀ 多米尼加的旧城又叫殖民区，1990年被联合国教科文组织宣布为世界遗产遗址。曾是西班牙殖民者在加勒比地区的统治中心。

❀ [多米尼加的黄昏]

多米尼加的含义为"星期天、休息日"。据说源自哥伦布于15世纪末的一个星期日到达了这里，所以才取了这个名字。

这一次他们做足了准备，船队共有17条船，有1500多人，其中包括西班牙的官员、技师、工匠、士兵及一些教士。这看上去是一次移民，西班牙人的目的性太强了，他们要在那边定居了，似乎已经看到了黄金正源源不断地进入口袋。船队中的大部分船只和人员因为粮食短缺等原因于公元1494年2月返回了西班牙。哥伦布则率领3艘船只继续进行探索"印度大陆"的航行，他的船队先后到达了多米尼加岛、背风群岛的安提瓜岛和维尔京群岛，以及波多黎各岛。公元1496年6月11日回到西班牙。

哥伦布的船队不仅为美洲带来了西班牙人，还带来了各种农作物的种子和家畜，据说现在美洲大陆上的猪就是那次哥伦布带过去的母猪的后代。植物中则有甘蔗、葡萄、小麦等农作物，美洲即将变成欧洲人的种植园了。

哥伦布把为西班牙挑选殖民点的事情交给了他弟弟

哥伦布第二次远航结束后，又分别于公元1498年和1502年到达美洲，也就是说，哥伦布的美洲之行一共分四次。哥伦布一直都认为自己到达的地方是印度，他最先发现的岛屿也就是现在我们知道的西印度群岛，这里也是西班牙在美洲最早的殖民地区。

哥伦布第一次远航结束打算回国前，在海地留下了一部分人为他管理这个地区。但是在哥伦布第二次来到这里的时候，他发现原本留下来的人被印第安人杀害了，听说是因为留下来的那些莽夫太过分了，他们肆无忌惮地抢夺印第安人的财富还有妇女。哥伦布只好另外再选择一个地方，重新建立一个殖民点。

而这个时候，哥伦布更想证明他是真的到达印度了，他想去寻找黄金来验证他所谓的印度梦，但是作为总督，建立殖民地的事情也不能耽搁，于是他把这个工作交给了他的弟弟来办，自己寻找黄金而去。公元1496年，他的弟弟在经过多方考察后，才在海地建立了一个全新的殖民地，也就是现在的圣多明各城，这里也成了西班牙在美洲大陆上的第一个永久性殖民地。

❋ [哥伦布的儿子迭戈]

迭戈是哥伦布的长子，公元1492年起为西班牙宫廷侍从，直至父亲去世（1506年）。公元1508年被任命为西印度海军上将和伊斯帕尼奥拉岛（Hispaniola，今海地岛）的统治者。

❋ 公元1502年，哥伦布的儿子迭戈又在奥萨马河西岸的小三角洲建起一座新城，并成为哥伦布发现的"新大陆"上管辖所有西班牙殖民地的总督辖区所在地，迭戈成为"新大陆"上的第一任总督。

❖ [圣多明各的城堡]

圣多明各是一座拥有 500 多年历史的城市。公元 1496 年,哥伦布的弟弟巴塞洛缪·哥伦布来到奥萨马河东岸,发现这里地理位置显要,自然风光秀丽,便率众兴建了一座市镇。

❖ [哥伦布登上伊斯帕尼奥拉岛(就是今天的海地岛)]

[海地遗址]

海地是位于加勒比海北部的一个岛国。印第安语意为"多山的地方"。由于这里能源不足,是世界上最不发达国家之一,经济以农业为主,基础设施非常落后。

公元1492年,在哥伦布首次远航中,因旗舰搁浅,不能将所有船员带回国,因此在海地的第二大港城海地角建立了纳维达德城堡。当哥伦布第二次远航再来到这里时,城堡里空无一人。

第3章 走向大洋

西班牙在美洲的殖民由海地开始扩散

公元1502年,伊莎贝拉一世派大贵族尼古拉斯·德·奥万多率领一支庞大的军队,护送25 000个西班牙人来到了海地,他们要在这个岛上建立一个正式的殖民统治机构。西班牙开始在海地的各个地区建立殖民城市和殖民据点,同时西班牙人也没有放过美洲的其他地方,他们开始探索美洲的其他岛屿了。

海地成了西班牙在美洲殖民的一个中心,它为西班牙人向其他岛屿探险的队伍提供支持。公元1509年,西班牙征服了牙买加;公元1511年,古巴也被西班牙收入囊中……

[古巴莫罗城堡]

> 莫罗城堡位于古巴哈瓦那旧城。公元 1555 年,法国海盗攻陷了哈瓦那,自此,西班牙政府决定在此修建莫罗城堡以保护其海上贸易。

西班牙官方批准殖民行为

美洲大陆被发现后造成的最直接的后果,就是欧洲人开始了对新大陆的疯狂掠夺,世界要开始被瓜分了,而这种殖民活动是从西班牙和葡萄牙开始的。

西班牙王室与探险者之间的协议

以哥伦布的美洲之行起点,从那以后美洲大陆上所有被发现的新土地,都应该归西班牙王室所有。所有怀着黄金梦,想去美洲大陆的探险家,在出发前都会与国王签订一份协议,而这个协议对于探险家们来说简直就是一张废纸。因为西班牙只为这些探险队提供航海路线和授予他们相应的官职而已,至于说船队的财政支出、枪支弹药、生活补给等都由船队自己解决。

> [西班牙派到古巴的总督:迭戈·维拉斯克斯]
> 维拉斯克斯城就是今天的圣地亚哥,是在公元 1514—1515 年间,西班牙在古巴建立的最初的 7 个城镇之一。维拉斯克斯被西班牙政府派去古巴维护西班牙在当地的统治,同时也是西班牙派出去的探险队的探路者。

❦ [与土著会谈的古巴总督]

探险家看重的只是自己的利益而已

这个时候银行家出现了,银行家成为这些船队的投资人,他们通过自己的前期投资也能分得一点回报,反正君主们要的是主权,商人们要钱,各取所需罢了。一些探险家常将这句话挂在嘴边:"上帝在天上,国王在西班牙,我们在这里。"西班牙国王制定的协议,对于美洲来说太远了,这些探险家根本不把国王的话放在心上,他们看重的只是自己的利益而已。

大部分探险家来到美洲以后,拼命地掠夺财富,然后按照获得的财富分红。当然在利益分配不均的时候,常常有冲突发生。

也有一部分地位卑微的人,想通过探险的方式跻身上流社会,他们成功后被加官封爵,再加上天高皇帝远,他们在全新的地方重新开始,通过一张冠冕堂皇的白纸

❦ 公元1492年,哥伦布的船队来到加勒比海的伊斯帕尼奥拉岛(今天的海地岛),并在翌年建立殖民统治,开始建立西班牙殖民帝国。自此,不少西班牙的探险家和军人来到这片新大陆并征服当地的土著。

❖ 殖民带来的灭顶之灾

殖民的开始，也意味着大规模的屠杀开始。殖民者在美洲大陆上实行了一种叫作委托监护制的制度，也就是把本来在美洲大陆上的土著居民印第安人委托给西班牙的殖民者们进行监护，表面上解释得还算体面，实际上这种制度让印第安人不得不依附西班牙殖民者生活，光明正大地让印第安人成了西班牙人的奴隶。

印第安人当然不能允许这些殖民主义者在自己世代生活的土地上这样为所欲为，于是矛盾爆发了，但是还处于石器时代的印第安人怎么可能是西班牙冒险家们的对手呢？当时在美洲只要是有西班牙人的地方，就有屠杀和奴役。西班牙人强迫印第安人交出土地，将他们变成奴隶，而对于那些不愿意服从自己心意的印第安人，就只好将他们杀死了。

因为西班牙人的屠杀，也因为欧洲人的迁入，带来了新大陆上从没有遇到过的疾病，印第安人几乎遭到了灭顶之灾。可怕的疾病让印第安人成批成批地死亡，甚至有些人不堪忍受疾病的折磨而自杀了。灾上加灾让印第安人濒临灭绝，巴哈马群岛上的印第安人几乎绝迹，古巴的30万印第安人在公元1548年统计的时候也几乎死光，还有一些海地岛上的岛民，可以说是最悲惨的，因为再也无处可去，本来有25万的印第安人在16世纪中叶的时候差不多只剩下了500人。

那个时期的美洲大陆，可以说是人间地狱。当西班牙的刀锋抵上印第安人的脖颈的时候，印第安人在那一瞬间想到了自己死亡之后的样子，他们不愿意上天堂，因为善良的基督徒就居住在天堂，他们不想与信奉基督教的西班牙人再有任何牵扯了。

协议，肆无忌惮地压榨印第安人，夺取财富，威震一方。

明目张胆的殖民，西班牙王室将奴隶制度变得合法化

哥伦布发现美洲大陆后，西班牙王室刚开始还有诸多顾虑，只是让印第安人成为西班牙国王的臣民而已，所以这些人在表面上不是奴隶，他们还是自由的。但是西班牙殖民者要开发这里，就需要大量的劳动力，而贩卖黑人奴隶还要假手葡萄牙商人，成本高昂不说，路途还遥远，花费的精力和费用都很大。殖民者们太渴望黄金了，他们既贪婪又害怕辛苦，不愿再冒险了，但是如果没有奴隶，就没有了劳动力来源。于是在公元1503年，西班牙王室在美洲将奴隶制度变得合法化，王室允许将袭击殖民者的印第安人俘虏，将这些人变成奴隶，而对于那些老实的没有攻击殖民者的观望者们，就必须用劳动来换取西班牙的保护，他们还拥有自由，但没有财产。

第 4 章
征服者登台，探险者谢幕

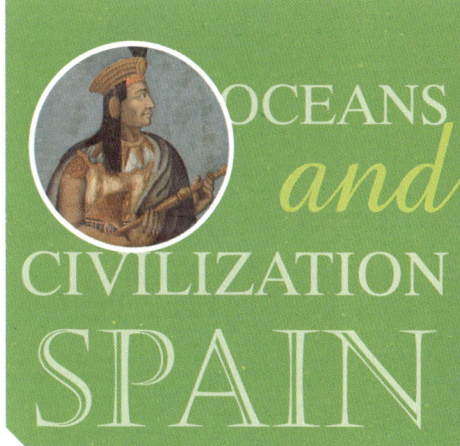

西班牙征服者指的是 15—17 世纪到达并征服美洲新大陆及亚洲太平洋等地区的西班牙军人、探险家。自哥伦布发现美洲大陆以来，这些征服者便在美洲、亚洲及太平洋地区建立殖民统治。

征服者胡安·庞塞·德·莱昂

美洲大陆上第一个西班牙殖民地被取名为新西班牙岛，也就是现在的海地岛，以新西班牙岛为中心，殖民者们开始了对美洲的征程。临近新西班牙岛的波多黎各岛和古巴就自然而然地成了第一批被征服的对象。

小镇贵族胡安·庞塞·德·莱昂

胡安·庞塞·德·莱昂出生于公元 1460 年，是小镇贵族出身，曾有过阿拉贡王室的宫廷侍卫的经历，参加过对格拉纳达摩尔人的战争。公元 1493 年，他登上了哥伦布的船，漂洋过海到达了美洲，这次经历改变了他，从此庞塞便成了海洋的孩子。

公元 1502 年，庞塞在新西班牙岛总督尼古拉斯·德·奥万多的带领下抵达了西印度群岛，因为

[胡安·庞塞·德·莱昂雕像]
胡安·庞塞·德·莱昂是首位西班牙波多黎各总督，任期为公元 1509—1512 年。所谓波多黎各总督，是波多黎各自由邦政府的行政首脑，也是波多黎各国民警卫队的总司令。

海洋与文明 西班牙 | 89

[波多黎各的海边灯塔]
波多黎各岛位于加勒比海的大安的列斯群岛东部,这个岛屿景色优美,宛如一个大花园,因此称为"泰诺"的印第安部落将这个岛屿称为"博里根",泰诺语意即"贵人之地"。

他曾经帮助过镇压印第安人,作为奖赏,奥万多任命他为新西班牙岛东部的省长。但是他不甘于做一个省长,他最初来到美洲的原因可能只是来寻找黄金而已,所以只要听说了哪里有黄金,他便会迫不及待地去那里进行勘察。

波多黎各的黄金将庞塞吸引过来了

波多黎各原本是印第安人生活的天堂,但在公元1493年的时候发生了改变。这一年,哥伦布航行经过此地,为了纪念施洗者圣约翰,他将这个地方命名为圣胡安岛。波多黎各盛产黄金的名声很是响亮,庞塞也听说了这件事,于是他决定前往勘察一番。在公元1508年的时候,他登上了这片土地,并在圣胡安岛的附近建立了最早的居民点,取名为卡帕拉,后来他又回到了新西班牙岛。第二年,庞塞被西班牙政府任命为波多黎各的总督,从此波多黎各成为西班牙的殖民地。其后不久因为政治斗争，庞塞丢掉了总督职务，西班牙王室鼓励他去寻找新的土地。

寻找不老泉

庞塞从印第安人那里听到了许多关于不老泉的故事，于是他下定决心找到不老泉，但由于种种原因没找到。公元 1513 年，他自费召集船员们出发去寻找不老泉，3 月 27 日到达了今天的圣奥古斯汀附近的佛罗里达的海岸，当时他不知道已经抵达北美洲大陆，而认为此地是一个岛，因为发现此地的时期为复活节，而且这里还有华丽的植物，因此命名为佛罗里达。他向南航行几天后到达了另一片海岸，即今天的夏洛港附近，这是西班牙人第一次到北美洲大陆设立的殖民地，他试图在这里寻找不老泉，最终失败了，只好返回波多黎各。

公元 1514 年，庞塞被任命为米尼群岛和佛罗里达的总督，负责对该地进行殖民，但他又听说不老泉已经被发现。公元 1521 年，他率领 2 艘船共 200 人又一次出发并到达了佛罗里达，在今天的夏洛港登陆，当他和船员们建立炮塔时，被土著人攻击，庞塞中箭，由于伤势过重，在古巴的一家医院去世。

逃亡者巴尔沃亚

公元 1475 年，巴尔沃亚出生于西班牙的埃斯特雷马杜拉，他是地理大发现时代西班牙著名的殖民探险者，也是第一个横穿美洲大陆到达太平洋东岸的欧洲人。青年时期的巴尔沃亚好勇斗狠，同时也欠下了许多债务。公元 1500 年，为了躲避债主，他从西班牙来到了海地，

[贵金属矿砂]

波多黎各之所以引起西班牙人的注意，是因为这里产的贵金属矿砂。可是好景不长，到了公元 1536 年，波多黎各的金矿就枯竭了。

第 4 章　征服者登台，探险者谢幕

想要成为一个种植园主，结果又陷入了债务之中。

巴尔沃亚夺取了殖民地的权力

公元 1501 年，巴尔沃亚为了再次逃债，准备参加恩苏索的探险队，可是却被拒绝，理由是他欠债太多。巴尔沃亚只好躲进木桶里，被当成货物装上了船。当船航行到一半的时候，巴尔沃亚从木桶里出来，被恩苏索发现，要将他流放。由于几个和他相识的人求情，才让他留在了船上。之后恩苏索在巴尔沃亚的建议下，来到巴拿马海峡沿岸的达连，在那里建立了一个殖民地点。不久，恩苏索和巴尔沃亚发生了矛盾，巴尔沃亚在冲突中胜出，占据了殖民地内的最高统治权。

巴尔沃亚与当地人相处友好

巴尔沃亚对美洲大陆的当地居民采取安抚政策，这一政策取得了明显成效。在巴尔沃亚的地盘上，西班牙人与印第安人是友好合作的关系，印第安人为西班牙人提供粮食，做他们的向导，甚至还能成为他们冒险活动中的一员。

在印第安人的帮助下，公元 1513 年，巴尔沃亚带着由 190 名西班牙人和 1000 名印第安人组成的

❧ [巴尔沃亚雕像]

巴尔沃亚全名瓦斯科·努涅斯·德·巴尔沃亚。1924 年 9 月 29 日，在巴拿马湾竖立起他的巨大纪念碑。巴尔沃亚的名字就镌刻在纪念碑上，被称为"太平洋的发现者"，在西方历史学家的眼中，他同样是"新大陆的第一个伟大的征服者"。

探险队,到达阿特拉托河流域寻找宝藏,然后还穿过了巴拿马海峡,看到了太平洋,他把这个大洋称为南海。巴尔沃亚成为第一个发现太平洋东端的欧洲人,这为后来的西班牙殖民活动提供了新的地图。

巴尔沃亚向西班牙王室写信报告了自己的发现,他希望西班牙王室能够支援自己,另外,他还想得到一个总督的头衔。

总之,巴尔沃亚还算善良,在这一时期,美洲印第

[《巴尔沃亚的宣誓》- 油画]

此画描述的是巴尔沃亚身处海洋中,向身后的印第安人宣称这片是他的海的一幕。

欧洲人对澳大利亚、新西兰和南太平洋的岛屿感兴趣的原因很多,最重要的原因是可以通过从陆上收获土著果蔬和从邻海捕鲸和捕鱼而获得经济利益。

随着时间的推移,欧洲人觉得南太平洋的一些岛屿可以作为战略要地,于是开始收购岛屿,开拓为殖民点。

[南太平洋上的欧洲船只]

第 4 章 征服者登台,探险者谢幕

海洋与文明 西班牙 | 93

[美洲印第安人的雕刻画]
美洲印第安人在西欧冒险者入侵时还处于落后的石器时代，既没有金属武器，也没有大型的驮兽。在西班牙殖民者的钢剑火枪面前，他们的兽皮"盔甲"和黑曜石长刀简直不值一提。

安人的生活基本上没有被西班牙人影响，他们依然还是按照自己原来的轨迹活动着。

巴尔沃亚的罪名

巴尔沃亚登上美洲大陆后，对那里进行了相当全面的考察，他写给西班牙王室的一封信给他招来了麻烦。西班牙的大臣们看到巴尔沃亚的信后，形成了两种意见。一种意见认为巴尔沃亚是反叛者，他擅自革除了合法的船长的职位，应该接受惩罚；但是另一种意见却不这样认为，他们认为巴尔沃亚的行为情有可原，而且他也证

西班牙在美洲的殖民地——秘鲁总督辖区

公元1544年西班牙在今秘鲁首都利马设置总督府，辖区包括巴拿马海峡及南美除委内瑞拉外的全部殖民地。公元1718年和1776年分设新格拉纳达和拉普拉塔两个总督辖区后，只包括秘鲁、智利和基多（厄瓜多尔）。公元1816年，拉普拉塔联合省（今阿根廷）宣告独立。公元1820年，联合省军队在其领袖圣马丁率领下，出征秘鲁，解放沿海地区。次年，在秘鲁人民配合下，攻入利马，秘鲁共和国成立。公元1824年，最后击败西班牙殖民者，玻利维亚共和国独立。公元1826年1月西班牙在美洲大陆最后一个据点卡亚俄港（在秘鲁）守军投降，西班牙在拉美的殖民体系全部瓦解。

明了有能力成为一个好的领导，因为他领导的探险活动无一例外全部取得了成功。对于巴尔沃亚的争论没完没了，国王决定先将巴尔沃亚任命为巴拿马、科伊瓦和南海（太平洋）的陆地行政长官，受达连行政长官佩德拉利亚斯管辖，至于说他之前的罪名等进一步查清后再做定论。

在巴尔沃亚准备对秘鲁进行探索时，被佩德拉利亚斯召回，因为佩德拉利亚斯不想他抢了发现秘鲁的功劳。佩德拉利亚斯对巴尔沃亚的成就非常嫉妒，他甚至认为如果不是巴尔沃亚，他才应该是第一个发现太平洋的人。公元 1519 年 1 月，佩德拉利亚斯诬陷巴尔沃亚叛国并逮捕了他，剥夺了他殖民地首领的权力，不久巴尔沃亚就被杀害于巴拿马海峡北岸的阿克拉。

❋ [佩德拉利亚斯]

佩德拉利亚斯先后在巴拿马、尼加拉瓜建立殖民地，并出任两地总督，因与巴尔沃亚不和，在公元 1519 年以反叛罪处死了他。

❋ [秘鲁利马总统府]

利马是南美国家秘鲁的首都，是西班牙殖民时期总督所在的统治中心。

征服者迭戈·德·贝拉斯克斯·德奎利亚尔

[迭戈·德·贝拉斯克斯·德奎利亚尔]

[印第安人的雕像]

印第安人的头饰叫鹰羽冠。鸟羽象征着勇敢、美貌与财富。根据颜色及佩戴方式,不同鸟羽也象征不同的社会地位和情感状态。乌鸦(黑色),象征智慧;孔雀(绿色与蓝色),象征渴望爱情;鹤(白色),象征力量和精神生活;凤凰(红色),象征神圣、崇高与不朽。

贝拉斯克斯出生于西班牙塞戈维亚的库埃利亚尔,是著名的西班牙殖民者、古巴第一任总督。虽然哥伦布在公元 1492 年第一次远航来到美洲时就发现了古巴,但是直到 20 年后,西班牙人才在贝拉斯克斯的带领下占据这片土地。

贝拉斯克斯曾在公元 1493 年随哥伦布航行到伊斯帕尼奥拉岛。公元 1511 年,贝拉斯克斯率领区区 300 人,冒冒失失地踏上了古巴的土地,强占了印第安人的土地,建立了西班牙在古巴的殖民地。公元 1514 年,他被西班牙王室任命为古巴总督。

贝拉斯克斯在古巴总督的位置上待到了公元 1521 年,期间他先后建立了巴拉科阿、巴亚莫、圣地亚哥(1514 年)和哈瓦那(1515 年)等城。

公元 1517 年,为了捕获更多的印第安人奴隶,有冒险家率领船队从古巴出发,无意间发现了墨西哥的尤卡坦半岛,第二年的时候,又有探险者按照那条路再一次抵达了尤卡坦半岛,这引起了贝拉斯克斯的兴趣,于是他开始计划组建船队去墨西哥探险。公元 1519 年,他派科尔特斯前去征服墨西哥。当觉察科尔特斯图谋自立时,于公元 1520 年 3 月派纳瓦埃斯前去逮捕科尔特斯,结果遭到失败。次年被解除总督职务,并于公元 1523 年复职,公元 1524 年贝拉斯克斯死于圣地亚哥。

贝拉斯克斯征服古巴的过程中伴随着血腥,大批的印第安人惨遭杀害,即使幸运逃过一命的印第安人也全部被赶去了种植园,彻底沦为了奴隶。贝拉斯克斯几乎让古巴的印第安人灭绝。到了公元 1537 年，整个古巴岛的印第安人只剩下不到 5000 人，印第安人太少了，这也意味着奴隶即将不够用了，更邪恶的计划就在这里应运而生。为了得到充足的劳动力，黑人奴隶贸易开始了。

科尔特斯征服墨西哥

西印度群岛是西班牙向南美洲扩张的一块跳板，西班牙殖民者在占领了西印度群岛，听说了南美洲更高的文明后，他们就有了向墨西哥殖民的计划。公元 1519 年，当时的西班牙古巴总督贝拉斯克斯终于决定征服墨西哥了。

墨西哥历史上第一个西班牙殖民根据地

贝拉斯克斯派出了助手埃尔南·科尔特斯去往墨西哥，但贝拉斯克斯担心科尔特斯会中饱私囊，所以给出的条件相当苛刻。但是科尔特斯还是出发了，公元 1519 年 2 月，科尔特斯率领船队向墨西哥驶去。科尔特斯的追随者鱼龙混杂，甚至连印第安奴隶都有，这些人大字不识几个，大多都有战斗经验。科尔特斯向这些人承诺，他只会拿探险中发现的黄金的 1/5，再留 1/5 给神圣的西班牙国王卡洛斯一世，剩下的都归这些追随自己的"兄弟"们所有，这种分配方式让大家都十分满意，而他们根本不知道将要面对的是多么广阔的领土和庞大的民族。

公元 1519 年 4 月，科尔特斯在维拉克鲁斯登陆，他在这里建立了墨西哥历史上第一个西班牙殖民根据地。

[维拉克鲁斯的老教堂]

维拉克鲁斯于公元 1519 年建在海滩上，是墨西哥最古老的城市。因多雨、潮湿，不宜居住，曾两度被遗弃。现在的城市约建于公元 1599 年，为殖民时期墨西哥和西班牙的主要联系点。

> 蒙特祖马二世时代，墨西哥城内有众多庙宇，而且都富丽堂皇，每四五个街区就有一座神庙。特诺奇蒂特兰人所信奉的神祇，有战神维奇洛沃斯神、大人物、男子及女子的婚姻守护神等。此外，墨西哥城有大量祭司，负责向神祇献祭。

科尔特斯将自己置于绝境

科尔特斯为了使自己的地位变得合法，辞去了古巴总督贝拉斯克斯给他的职位，而改由墨西哥维拉克鲁斯的议会直接任命他为将军。这样一来，方便了他进一步占领墨西哥，也使得他和西班牙国王的交往更加直接，无须通过古巴总督贝拉斯克斯。

科尔特斯为了成功，可谓是狠到了极点，他采用了破釜沉舟这一招，在深入墨西哥前，烧毁了所有能返航的船只，使得那些水手就算不愿意也不得不跟着他走。于是船上的水手也变成了军队中的一部分，这些人被科尔特斯交给了古巴总督贝拉斯克斯的死对头胡安·德·埃斯卡兰管理。

公元 1519 年 8 月，科尔特斯决定从奥利萨巴和科弗尔德比罗特之间的山口及波波卡特佩特尔与伊西瓦西塔特尔之间的山口进入墨西哥中部高原。

这两个山口还没有可以直接进入墨西哥中部的道路，但是这里却居住着不少印第安人，他们与墨西哥人关系敌对，所以科尔特斯决定和他们结盟。很快这里的印第安人便成了科尔特斯通往墨西哥中部高原地区的向导。

利用坊间流传的一个预言，吓到蒙特祖马二世

此时统治墨西哥的是阿兹特克帝国国王蒙特祖马二世，他坚信坊间流传的一个预言："印第安人过去的一位英雄科托尔科亚托尔会不期回到人间"，而他回到人间的时间正好与西班牙人登陆西印度群岛的时间一致。科尔特斯利用了这个预言，在登陆

[蒙特祖马二世]

蒙特祖马二世（约 1475—1520 年）是古代阿兹特克帝国国王。他曾一度称霸中美洲，最后被西班牙征服者科尔特斯收服，阿兹特克文明就此灭亡。

[科尔特斯和蒙特祖马二世的会面]

墨西哥的第一时间，就用火炮将顽强抵抗的土著人吓到脚软，再加上当时阿兹特克帝国国内局势动荡不安，不少部落都敌对他们的国王。因此蒙特祖马二世终日惶惶不安。

蒙特祖马二世派人去劝说科尔特斯不要出兵，然后又送了许多金制的工艺品、棉和皮制品给他，科尔特斯接受了这些馈赠。公元1519年11月，蒙特祖马二世穿着镶满了宝石和珍珠的衣服，将科尔特斯一行亲自迎进了自己的首都特

[蒙特祖马二世时代的饰品]

该饰品是由15—16世纪的阿兹特克人制作的。相关专家猜测，它的用法可能是在特殊场合戴在胸前。

[阿兹特克太阳历石]

第 4 章 征服者登台，探险者谢幕

[蒙特祖马二世的装扮]

此画来自16世纪时期的墨西哥基督徒。图中的蒙特祖马二世拿着长矛或权杖，站在芦苇垫上，旁边是一个宝座，他留着胡子，戴着一个格子羽毛的肩章，在他旁边是一顶王冠。

诺奇蒂特兰，并热情地招待了他们，还将自己的一座城堡分给他们居住。特诺奇蒂特兰的居民充满了好奇，把他们当作古代神灵寇帝斯魁萨克派来的使者。

老上级来讨伐，让科尔特斯陷入了麻烦之中

公元1520年3月，古巴总督贝拉斯克斯派纳瓦埃斯来讨伐科尔特斯，科尔特斯当然不忿，他亲自带兵前去迎战。公元1520年6、7月间，等他打完胜仗，再回到特诺奇蒂特兰时，形势却发生了翻天覆地的变化。

科尔特斯在迎战纳瓦埃斯时，曾任命临时管理者阿尔瓦拉多驻扎在特诺奇蒂特兰，没想到他在阿兹特克人举行祭祀时，杀害了几个阿兹特克贵族，还有多名阿兹特克人被杀伤。阿尔瓦拉多的理由是阿兹特克人要杀他，他才先下手为强，而蒙特祖马二世则"不愿意看到这样的事发生"，他"倒是安抚墨西哥人，劝他们停止进攻"。这令阿兹特克人大为愤恨，于是攻击了阿尔瓦拉多的驻军。

科尔特斯得胜回来后，就被阿兹特克人包围在蒙特祖马二世的皇宫内，生活所需的水和粮食都被切断。于

[刻在硬币上的比索传说]

传说，阿兹特克人的祖先根据太阳神的指示，来到特斯科科湖中央的岛屿时，看到一只叼着蛇的老鹰停歇在仙人掌上，于是按照神谕开始在这里定居下来。公元1325年前后，阿兹特克人在特诺奇蒂特兰开始建造城市，并将其作为帝国的首都。

❈ [玛雅人的血祭壁画]
玛雅人的习俗中经常以自我牺牲的方式表达对神的虔诚。通常,玛雅人会从舌头、嘴唇或生殖器放血,用鲜血献祭神灵。

是科尔特斯劫持了蒙特祖马二世,并强迫他向阿兹特克人下达命令停止暴动,但这没什么效果,因为蒙特祖马二世早就让阿兹特克人失望了,不仅如此,愤怒的阿兹特克人还用石头将蒙特祖马二世砸成重伤,蒙特祖马二世拒绝了西班牙人帮他治疗,最后因重伤不治身亡,令人唏嘘。

❈ [玛雅人的血祭壁画]
在玛雅的每座神像和金字塔壁上,都涂满了祭神的鲜血。这种狂热的祭祀活动,上到祭祀酋长,下到战俘奴隶,所有的玛雅人都虔诚地执行。在阿兹特克后期,这种祭祀行为愈演愈烈,记载表明,公元 1487 年,有 2 万人被挖出心脏献祭给神祇。

第 4 章　征服者登台,探险者谢幕

❖ [阿兹特克人围攻西班牙人 - 壁画]
该壁画描绘的是科尔特斯不在时，西班牙人受到阿兹特克人攻击的情况。

忧伤之夜

在蒙特祖马二世死后的第一个夜晚，特诺奇蒂特兰城的暴动一触即发，科尔特斯认为不能再待下去了，于是带着自己的部队和黄金连夜出逃，但阿兹特克人早有准备，在他们逃跑的时候，无数利箭从山谷的四面八方射来，西班牙人折损严重，约有860名西班牙人及1200名特拉斯卡拉人（与科尔特斯结盟的印第安人部族）被杀，这一夜在历史上被称为"忧伤之夜"。但无论如何，科尔特斯最终还是回到了维拉克鲁斯。

❖ [蒙特祖马二世之死]

[科尔特斯和多娜·玛丽娜]
据说科尔特斯在征服阿兹特克帝国时,有一个名叫多娜·玛丽娜的当地女人不仅帮了大忙,还替科尔特斯生了个叫马丁的儿子。

多娜·玛丽娜这个女人背叛了阿兹特克帝国,帮助科尔特斯征服了这片土地,作为当地人,她能为科尔特斯做的第一件事就是翻译。

阿兹特克人的祭祀习俗,让西班牙人感到恐惧与愤怒,面对着数以十万计的骷髅和空气中弥漫的血腥腐臭,科尔特斯强硬地要求阿兹特克国王蒙特祖马二世忏悔。他还要求后者拆毁"嗜血"的传统神像,并用十字架予以替换。想要一下子改变信仰,这怎么可能呢?于是才引发了后面的一系列矛盾。

为了抵御西班牙人的进攻,阿兹特克人坚守了10个星期,首都特诺奇蒂特兰城才沦陷,随即被西班牙人摧毁,变成了一片废墟。

第 4 章 征服者登台,探险者谢幕

再次来到特诺奇蒂特兰,尸横遍野,国王被判叛国罪

接下来一年的时间,科尔特斯在维拉克鲁斯重新组建军队。

公元 1521 年 4 月 28 日,科尔特斯再次率军围攻特诺奇蒂特兰,但遭到了阿兹特克新任国王夸乌特莫克的顽强抵抗,科尔特斯命人切断了城内的水源和粮食,在经过 93 天日以继夜的激战后,特诺奇蒂特兰城内很多人被活活饿死和渴死,而欧洲人带来的疾病(主要是天花)

又让他们成批地死亡。大街上、房子里、河道上全是堆积起来的尸体,城墙上则是守城士兵的尸体。夸乌特莫克也被抓起来了,为了想要得到"蒙特祖马的宝藏",西班牙人对他进行了惨无人道的折磨,但他始终守口如瓶,最后夸乌特莫克以叛国罪被殖民者绞死,尸体挂在森林里示众。

❀ [墨西哥城地图]

❀ [《特诺奇蒂特兰战役》- 油画]

这是一幅18世纪的油画,来自墨西哥图书馆。描述的是科尔特斯在阿兹特克帝国首都特诺奇蒂特兰大门口的情形。

❦ [欧洲战争中使用过的特殊战车]

在与阿兹特克的战斗中，阿兹特克人反抗非常顽强，令西班牙人无法前进。为了取得胜利，科尔特斯下令建造一些战车来掩护自己的士兵。每一辆战车都配置了 25 名士兵，周围还伴随着执行护卫任务的骑兵。他的目标是先前参观过的维奇洛沃斯大神庙。如果能烧毁这个宗教崇拜中心，就可以严重打击阿兹特克人的士气。

> 夸乌特莫克是蒙特祖马二世的侄子（或近亲），他娶了蒙特祖马二世的女儿为妻。蒙特祖马二世死后，阿兹特克人发起骚乱，拥立奎特拉瓦克，将西班牙军驱逐出城。不久，奎特拉瓦克因患天花亡故，阿兹特克人便推选夸乌特莫克为新统治者。

科尔特斯被西班牙任命为墨西哥将军

随着特诺奇蒂特兰的沦陷，西班牙殖民者彻底征服了这个坐落在特斯科科湖岛上的美丽国家，但他们最终也毁灭了这个美丽的地方。

科尔特斯发现了这片土地的价值，在征服特诺奇蒂特兰之后，他在废墟上按照西班牙风格建立了现在的墨西哥城。

征服墨西哥的消息传到了西班牙国王卡洛斯一世那里，科尔特斯被任命为墨西哥将军，得到了卡洛斯一世更大的支持，让他去征服其他地区，公元 1529 年，科尔

❦ [全副武装的西班牙士兵]
西班牙士兵身上穿着全副盔甲，可见当时西班牙的冶炼技术很纯熟。

第 4 章 征服者登台，探险者谢幕

[画中的阿兹特克神庙]
上图描绘的是在阿兹特克神庙进行的祭祀活动。这座神庙如今只剩下一堆废墟了。

特斯回到西班牙，带回了大量的财富，这让卡洛斯一世大为满意。

科尔特斯虽然是一个殖民者，他和其他殖民者一样的残忍和贪婪，但他最常说的一句话是："不要用掠夺的手段达到征服的目的。"甚至在他的遗嘱里还反思自己，他让他的儿子仔细思考，他占领印第安人的土地是否正确，这在当时是一个罕见的态度，除了他，我们几乎不会再在另外一名殖民者身上看到了。

皮萨罗征服印加帝国

在征服了墨西哥后，西班牙彻底在南美大陆站稳了脚跟，10年后，他们又把手伸向了印加帝国，也就是现在的秘鲁。

关于印加帝国的传闻

殖民者们总是能闻到黄金的味道，西班牙人在决定出征墨西哥之前就听说了南美洲的那个富裕得让人咋舌的帝国，听说那里的人几乎对黄金不屑一顾，那里的人随手拿出来使用的器皿都是用金子制成的……

这个所谓的富裕的帝国就是印加帝国，是美洲三大文明之一，其版图大约是今日南美洲的秘鲁、厄瓜多尔、哥伦比亚、玻利维亚、智利、阿根廷一带，曾经的中心就是现在的秘鲁。印加人崇拜太阳神，他们在自己的信仰的指引下形成了一个纪律严格的国家，为了管理这样一个国家，他们还建立了十分通畅的道路网络。也就是这样一个文明发达的国家，被西班牙人注意到了。

西班牙人来到这里的时候，印加帝国国王瓦伊纳·卡

[印加帝国所在位置]
印加帝国是11—16世纪时位于美洲的古老帝国，其版图大约是今日南美洲的秘鲁、厄瓜多尔、哥伦比亚、玻利维亚、智利、阿根廷一带。其所创造的文明是美洲三大文明之一。

帕克和继承人尼南·库尤奇被天花夺去了性命，另一位王位继承人华斯卡和他同父异母的弟弟阿塔瓦尔帕因为继承权问题发生了内讧，这给了征服者可乘之机。西班牙人联合那些想要摆脱印加帝国统治的印第安人，开始尝试征服印加帝国。

皮萨罗的南美之行

弗朗西斯科·皮萨罗是个对黄金有着天然渴望的莽夫，同时也是个文盲。他曾在征服巴拿马的战斗中屡立战功，受到巴拿马总督佩德拉利亚斯的赏识，获得了一个种植园。公元1522年，47岁的皮萨罗在巴拿马经营种植园时从西班牙探险家安迭戈亚那里知道了印加帝国，那个时候他就下定决心要找到这个盛产黄金的国家。

❋ "印加"一词有国王之意，这个帝国的真正名称是叫"塔王汀斯尤"，意为"四州之国"。

❋ [印加帝国太阳神形象]
太阳神在印加语中有几个不同的名字：因蒂、维拉科查和帕查马克。太阳神的形象一般是人形，面部如金盘，光芒四射。

❋ 公元1521年之后，西班牙人将征服的原阿兹特克帝国改名为"新西班牙"，然后继续向北拓展。

❋ [印加陶俑-15世纪左右]
这是一个印加人背着竹篓的样子，大约制于15—16世纪秘鲁的中部或北部海岸。陶俑手里拿的可能是古柯叶。

第4章 征服者登台，探险者谢幕

海洋与文明 西班牙

❖ [弗朗西斯科·皮萨罗雕像]

弗朗西斯科·皮萨罗（1471 或 1476—1541 年），西班牙探险家，由他开启了西班牙征服南美洲的时代，也是现代秘鲁首都利马的建立者。

❖ 在印加帝国的安第斯的崇山峻岭中，构筑了一环又一环的大道公路。公路上行走着气宇不凡的神兽羊驼货运，飞奔着负责传递信息的飞毛腿快递。这些大道公路可以让首都库斯科的国王享用到从海边送来的新鲜水产，还能负责传达国王的口令到帝国各地，这就是在遥远的中世纪令他们自豪的帝国脉络。

公元 1524 年，皮萨罗与逃避凶杀罪名的强盗阿尔马格罗、恶棍神父卢克三个人合伙，在巴拿马总督佩德拉利亚斯的支持下，对南美进行了一次远征，但这次远征并不顺利，他们刚出发就遇到了大风，只能空手而归。有着惊人毅力的皮萨罗显然不是一个容易放弃的人。两年后，他又组织了一支探险队，开始了他的第二次南美之行。这一次的远征也不是很顺利，他们的队伍在厄瓜多尔沿岸遭到了当地印第安人的攻击，混乱中阿尔马格罗还被刺伤了一只眼睛。皮萨罗只好在加略岛扎营，派他回巴拿马搬救兵，但这个时候巴拿马换了一个新的总督，新总督里奥斯并不赞成皮萨罗征服秘鲁的计划，他扣留了阿尔马格罗，还派出使者想要召回皮萨罗，强令他放弃征服事业。面对这种情况，气愤的皮萨罗没有理会新总督的命令，决定继续向南方去，他用宝剑向南方的秘鲁一指："愿意去秘鲁发财的到这边来！"又向北方的巴拿马一指："愿意回巴拿马受穷的到那边去！"结果只有 13 人愿意继续跟随他，这 13 人又被称为"加略岛十三勇士"。

皮萨罗带领这 13 人到达了印加帝国的边境城市通贝斯，他深知自己因为违抗了里奥斯的命令，算是与巴拿马总督彻底断绝了关系，所以想要得到他的支持是不可能了。但是自己现在的实力还不能让他在秘鲁的土地上为所欲为，于是皮萨罗决定回到西班牙，想要直接得到国王卡洛斯一世的支持。

以"加略岛十三勇士"和皮萨罗为代表的欧洲早期殖民者，是大航海时代欧洲人殖民探险和不甘平庸人生、敢于拼搏的代名词，是西方蓝色文明的一个缩影。

印加帝国灭亡

公元1528年，皮萨罗带着几名印第安人和一些得自美洲的稀罕物回到了西班牙，在好友科尔特斯的帮助下，次年他就得到了国王卡洛斯一世的鼎力支持，卡洛斯一世为了鼓励英勇的战士去为自己扩张领土，毫不吝啬地给他们想要的头衔，皮萨罗被任命为瓜亚基尔湾以南殖民地的总督、行政长官和终身的阿德兰塔多，可以获得新殖民地4/5的财富。阿尔马格罗为秘鲁城市通贝斯城的司令，神父卢克为通贝斯城的主教。当初跟随他的"加略岛十三勇士"，全部被授予世袭的骑士称号，每人分到1000个印第安人奴隶和大量的庄园土地。

得到了国王的支持后，公元1531年，56岁的皮萨罗带领一支不足200人的队伍从巴拿马起航，去征服人口约为600万的印加帝国。他首先从印加帝国北海岸的通贝斯登陆，当他到达通贝斯的时候，那里已经因为内战而变成一座空城了。于是他顺势占领了这座空城，并在

[印加帝国开国君主曼科·卡帕克]

曼科·卡帕克，古代南美洲印加帝国传说中的开国君主。在传说中，曼科·卡帕克是"太阳神之子"，大约在公元1200年，率领早期的印加部族在秘鲁的库斯科建立王国，扩张领土，并为其统治下的印第安人创造了文明的生活。

海洋与文明　西班牙　｜　109

❖ [印加帝国最后一任国王：阿塔瓦尔帕]

阿塔瓦尔帕（约1500—1533年）是印加帝国第13代国王，也是西班牙殖民征服之前的最后一代君主。

这里搜集印加帝国的情报，就等一个机会去一举拿下印加帝国。

这个机会很快就出现了，印加帝国因王位继承权问题爆发的内战在这个时候已经白热化了，觊觎王位的两兄弟在火拼，双方的元气被消磨得差不多了，王位争夺战的胜出者是阿塔瓦尔帕。公元1532年11月15日，皮萨罗带领一支由177人和62匹马组成的队伍到达卡哈马卡，他以"和平贸易"为理由，约见印加国王。阿塔瓦尔帕未知来者用意，不敢怠慢，也亲自带领8万士兵前来卡哈马卡。

两人在次日见面，皮萨罗把大部分兵力都藏在帐幕内，只带着几十人现身，在和阿塔瓦尔帕的会面仪式结束后，皮萨罗方的一位神职人员掏出了一本《圣经》，劝说这位印加帝国国王接受基督教的洗礼，并臣服于西班牙，印加帝国世世代代都毫不动摇地信奉太阳神，阿塔瓦尔帕当然也不会就这样背叛自己的信仰，何况还要他臣服，于是大为不悦的他把《圣经》

❖ [印加帝国的吉祥物——羊驼]

羊驼性情温驯，伶俐而通人性。古代被印第安人广泛用作驮役脚力，是南美洲重要的畜类之一，也是印加帝国最重要的吉祥物。

扔在了地上,皮萨罗乘机一声令下,士兵们从帐幕中冲出,活捉了阿塔瓦尔帕,并要求他命令军队放下武器。印加帝国是个高度集权的国家,国王就是神,在阿塔瓦尔帕的命令下,印加军队放下了武器。皮萨罗趁机下令攻击,这场屠杀导致几千印加人被杀。

皮萨罗利用阿塔瓦尔帕,要挟印加帝国的臣民用黄金赎回他。印加帝国为了赎回他们的国王,夜以继日地将黄金从全国各地运来卡哈马卡,皮萨罗就这样短时间内在印加帝国掠夺了大约 13 265 磅黄金和 26 000 磅白银。

印加帝国以为交了赎金就可以赎回国王,但皮萨罗并没有放走阿塔瓦尔帕,反而以其谋害兄弟、迷信、反对西班牙等理由将他绞死。这样印加帝国就变得群龙无首,皮

❖ [印加遗址 - 马丘比丘]

马丘比丘位于现今的秘鲁境内库斯科西北 75 千米的山脊上。这里是印加人建立的居住地,但并非普通人居住的城市,应该是贵族的行宫。

围绕着庭院建有一座庞大的宫殿和供奉印加神祇的庙宇,以及其他供维护人员居住的房子。据估算,在马丘比丘居住的人数,在高峰时也不超过 750 人,而在没有贵族来访的雨季就更少了。1983 年,马丘比丘被联合国教科文组织定为世界遗产,是世界上为数不多的文化与自然双重遗产之一。

❖ 劳动分派制

劳动分派制是西属美洲殖民地时期主要存在于秘鲁地区的一种强迫徭役制,又被翻译成米达制。印第安语读音为"米达",其意思是"旋转、轮换"。劳动分派制起源于前印加时代的秘鲁,指社区成员定期轮换,按一定比例参加公益事业的一种义务劳动制度。它贯穿印加帝国的形成和发展,对促进社会进步发挥了作用。西班牙征服秘鲁后,殖民者盗用"米达制"的形式,将奴隶制和强迫劳动的要素注入其中,从而成为印第安人具有法律约束力和强制性的服役制度。事实上,这是一种普遍的奴隶制,隐藏在轮作劳动的形式下,具有极其残酷的特点。该制度实施了 300 年,给印第安人带来了巨大的灾难,是秘鲁社会发展的一个绊脚石。公元 1821 年 7 月 28 日被废除。

第 4 章 征服者登台,探险者谢幕

萨罗也变得更加肆无忌惮。公元 1533 年 11 月，皮萨罗向印加帝国首都库斯科进军，途中仰仗钢铁和骑兵优势，又先后在豪哈、比尔卡苏阿曼、比尔卡康加和库斯科四次战役中大败印加军队，参加这些战役的西班牙人分别只有 80 人、30 人、110 人和 40 人，而每次战役击溃的印加军队则往往数以万计。皮萨罗将印加帝国首都库斯科洗劫一空，他们将在这里得到的黄金全部融化，一部分运回西班牙交给国王，剩下的足够他们挥霍一生。

黄金等资源分配不均，皮萨罗在印加内战中去世

西班牙在印加帝国的殖民是毁灭性的，西班牙人所到之处，不管是庙堂还是楼宇全都变成废墟。到了公元 1535 年，印加帝国全境几乎都被西班牙人征服，只有印加帝国皇室在曼科及其继承人的领导下继续抗击西班牙殖民者，直到公元 1572 年被消灭，辉煌的印加文明从此灭亡。

皮萨罗将殖民政府的首府建立在利马河畔的一个绿洲上。印加帝国被皮萨罗征服了，但是这些殖民者也由于黄金等资源的分配不均而引起激烈内讧。公元 1537 年，皮萨罗的密友阿尔马格罗认为皮萨罗对战利品分配不公而反叛，阿尔马格罗联合皮萨罗的下属进攻皮萨罗，结果被皮萨罗俘获并处死。但事情并未到此为止。公元 1541 年 7 月 26 日，就在皮萨罗的军队胜利进入印加帝国首都库斯科 8 年以后，阿尔马格罗的追随者刺杀了这位 66 岁的殖民者首领。

❈ [马丘比丘发现的瓶子]

❈ [印加黄金杯]

传说中印加帝国有许多黄金，所以他们的饰品大部分都是用黄金制造的，像这样的金杯可能就是数以千计物品之中的一个。据说 16 世纪时，西班牙人为了获得黄金，曾以生命为要挟，要求阿塔瓦尔帕告诉他们黄金藏在哪里，但最终这位国王没有说出答案，因而被皮萨罗处死了。至于黄金有没有、到底在哪也成了一个谜。

第 5 章
巩固在美洲的统治

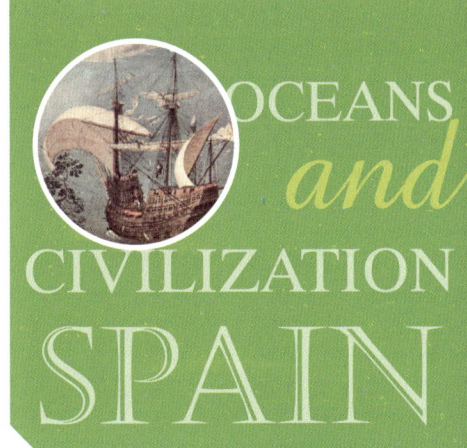

西班牙殖民者摧毁美洲文明后，便大肆强奸当地妇女及屠杀土著，并到处进行破坏。欧洲人带来的疫病也让美洲原住民的人口数量大幅度削减。美洲被征服的地区成了西班牙帝国的版图，西班牙在统治美洲 300 多年的时间里，慢慢完善了各种制度。

🌱 总督辖区

16 世纪开始，西班牙为了加强对海外殖民地的统治，在美洲设立总督辖区，每一个总督辖区派遣一位总督前去管理。美洲离西班牙本土实在太远，所谓天高皇帝远，这里的总督拥有很大的权力，于是这些人在美洲大陆横征暴敛，大发横财，在他们离任的时候都能赚得盆满钵满。但是，总督辖区还是为巩固西班牙在美洲的统治发挥了重要的作用。

新西班牙总督辖区

新西班牙总督辖区成立于公元 1535 年 4 月 17 日，是西班牙管理北美洲和菲律宾的一个殖民地总督辖区，首府为墨西哥城，也被叫作墨西哥总督辖区。总督一般由西班牙国王信任的大贵族充任，是国王在殖民地的全权代表，根据国王训令及西印度事务

[西班牙在美洲的四个总督辖区]
公元 1535 年开始，西班牙在秘鲁建立利马城并以此作为逐步控制南美其他地区的基地。公元 1534—1535 年，西班牙北上探索了北美西岸地区，将之命名为加利福尼亚，开始逐步深入北美内陆。

海洋与文明 西班牙 | 113

委员会的指示，掌握殖民地的行政、军事、财政和宗教事宜，有权任命辖区内的官吏和教会负责人，参与审理重大司法案件。由于辖区地域广大，在总督辖区下面还设有行政区和都督辖区。

新西班牙总督辖区的第一任总督是滕迪利亚伯爵，他是一位来自格拉纳达的贵族。滕迪利亚伯爵来到这里的第一件事就是反对科尔特斯的行动，坚决要求其回国，当然科尔特斯没有答应。

滕迪利亚伯爵在任期间进行了大刀阔斧的改革，特别是在这里发展了教育事业。公元 1545 年，他下令创办了墨西哥大学，建立了瓜达拉哈拉和巴利阿多利德城，新西班牙总督辖区的发展在这位总督的带领下呈现出一片繁荣的景象。后来，他又被派去秘鲁做总督，接替他位置的是路易斯·贝拉斯克斯。路易斯·贝拉斯克斯

[新西班牙总督辖区铸的硬币]

[西班牙早期双柱锤制币（1536—1542 年制的 4 里亚尔硬币）]

公元 1536—1542 年，西班牙的铸币技术非常不成熟，雕刻师仍然在探索中，铸币模具制作相对粗糙，图案也不精美，这短短 6 年间从吕康到胡安·古提艾雷斯（1541—1543 年在任）共历 4 位铸币师，所以这期间造型很不稳定。

一步步完善了这里的总督制度,为西班牙王室和地主贵族们谋得了很多好处,甚至还不断寻找和开发了新的农牧场,扩大了新西班牙总督辖区的管辖范围。

秘鲁总督辖区

公元 1544 年,为了更好地管理南美地区,西班牙设立秘鲁总督辖区,首府为利马,管辖整个西属南美。秘鲁总督辖区的第一位总督是布拉斯科·努涅斯·贝拉。

秘鲁人民天生携带反抗的基因,他们不满西班牙对这里的占领和统治,于是不断有人发起起义反抗,布拉斯科在这种条件下几乎没有办法大展拳脚,不久后就被革职。公元 1549 年,西班牙派了治理新西班牙有功的滕迪利亚伯爵来这里担任总督,西班牙国王希望这位优

❈ [鹰洋]

墨西哥银圆又叫作"墨银"或"鹰洋",后讹为"英洋"。直到现在,墨西哥铸造的所有硬币上都刻着这样的国徽图案。当时,带有雄鹰图案的银币,由于成色极佳,流入中国后,成为市场通货,民间称之为"鹰洋"。

❈ [秘鲁总督辖区的第一位总督布拉斯科·努涅斯·贝拉]

❦ [秘鲁总督辖区的第二位总督安东尼奥·德·门多萨]

秀的新西班牙总督能平定秘鲁的动乱，但是此时滕迪利亚伯爵年事已高，已经没有太多精力去管理秘鲁了，所以上任第二年就不得已辞职了。秘鲁总督辖区后来又分出了新格拉纳达总督辖区和拉普拉塔总督辖区。

❦ [西班牙的美洲总督辖区]

西印度事务委员会

哥伦布发现美洲之后,越来越多的西班牙人移居到了美洲,西班牙政府虽然在很长一段时间里并没有直接参与这些冒险者的探险活动,但根据协议,探险者发现的土地的主权归西班牙王室所有。随着西班牙在美洲殖民统治区域的不断扩大,成立一个完善的管理机构就提上日程了。

合同交易事务所

哥伦布之后,越来越多的人想要去往美洲实现自己的发财梦,但西班牙国王没有办法一一跟

> ❊ 西班牙人没有用"印加"一词为他们在南美的新殖民地命名是可以理解的,就像他们在中美洲会极力让原住民们忘记阿兹特克和玛雅文明曾经的辉煌一样。
> 最常见的揣度,是"秘鲁"一词源自当地印第安语,意为"玉米之乡";另一种说法则是源自当地一条河流之名。
> 在笔者研究过美洲诸板块原住民主粮结构后,发现"玉米之乡"的说法,显然是很难让人信服的。所以关于"秘鲁"一词的来源,还有待进一步研究。

> ❊ [西班牙硬币-后期双柱锤制币(1542—1571年)]
> 到了公元1542年以后,墨西哥铸币技术达到了一个新的高度,重新设计的双柱银币造型更加圆润,柱子立体感更强。这一版最具有特色的是在双柱下面加上了波涛图案,成为后世西班牙美洲殖民地铸币竞相模仿的范本。

这些探险者商讨利益的分配,为了更好地管理西班牙王室与探险者之间的事务,西班牙成立了合同交易事务所,合同交易事务所里有人专门代表国王来与探险者们讨论相关的利益纠纷问题。

后来,西班牙探险者对美洲的殖民活动越来越疯狂,探险者们和西班牙王室之间的利益冲突不断加深,合同交易事务所里的官员的权力也越来越大,他们甚至开始与探险者私下勾结起来,于是大量本该属于西班牙王室的财富进入了这些官员的口袋,国王终于意识到事情的发展有些不对劲了。

> ❊ 小麦、大米、玉米并称为世界三大主粮,如果在这三大粮食作物之外,再寻找第四主粮的话,那么上榜的一定是被称为马铃薯的土豆。而秘鲁就是出产土豆的地区。

> ❊ 为了构建一套稳定统一的货币体系,方便庞大的帝国内部贸易,腓力二世决定统一全西班牙造币厂的钱币设计。这个方案首先在本土造币厂实行,然后又传到了新大陆的主要造币厂。

第5章 巩固在美洲的统治

❋ [利马造币厂的内院]

到了腓力二世（1556—1598年在位）的时代，西班牙已经是个名副其实的大帝国了，其殖民地范围发展到了南美洲腹地。除了本土建立的各大造币厂之外，西班牙在美洲拥有新西班牙总督辖区的墨西哥以及秘鲁总督辖区的波多西（今属玻利维亚）与利马三个大型造币厂。

成立西印度事务委员会

为了解决合同交易事务所出现的问题，公元1524年，当时的西班牙国王卡洛斯一世颁布法令，决定成立西印度事务委员会来管理美洲殖民地的一系列事务。

西印度事务委员会显然是一个更加严谨的管理机构，它集立法、司法和行政管理权于一体。西印度事务委员会的总部就设在西班牙，整个机构独立于西班牙政府存在，

❋ [西印度事务委员会会徽]

直接对国王负责。西班牙国王是殖民地最高的领主，而西印度事务委员会就是国王的代言人，他们按照国王的

意志行事，目的在于维护国王的根本利益。西印度事务委员会自成立起 300 多年来，在巩固西班牙在美洲的殖民统治中发挥了重要作用，也不可避免地成了美洲人民的一个噩梦。

🌱 教会

西班牙是一个基督教国家，宗教早已渗透进西班牙的方方面面，为了加强对美洲的统治，西班牙王室特别注重宗教的传播，希望基督教能够在维护殖民统治方面发挥重要作用。

教皇支持西班牙在美洲的扩张

中世纪末，欧洲各国频频发生宗教革命，这段时间里许多欧洲国家脱离了天主教。但是西班牙还是竭力捍卫天主教的权威，对于异教徒，西班牙的态度是坚决打击，这一做法得到了教皇的肯定，所以西班牙在美洲的大肆扩张活动也得到了教皇的支持。

西班牙为自己残忍的殖民统治找到了一个正义的借口，高举教皇的旗帜，每占领一块地方，都会要求教皇

🌿 我们理解的西班牙殖民美洲，感觉就像电影中依靠坚船利炮和强大的军事力量实现的，而事实上却并非完全如此。
西班牙召集探险家和投机者们，或者一批匪徒重刑犯，整编之后来到新大陆。他们名义上属于西班牙政府的雇佣军，事实是他们会利用贸易、占领和传教等多种方式侵入新大陆。

第 5 章　巩固在美洲的统治

🌿 [西班牙本土的塞维利亚造币厂制造的硬币]
统一的"日不落帝国"西班牙新设计的硬币，正面为哈布斯堡西班牙王徽，背面为十字分隔的城堡与狮子（分别是组成西班牙的最初的卡斯蒂利亚与莱昂两个王国的纹章）。

海洋与文明　西班牙 ｜ 119

> 传教士一般是指西方国家中一部分传播基督教的人士,是坚定信仰宗教并且远行向不信仰宗教的人们传播宗教的修道者。虽然有些宗教很少到处传播自己的信仰,但大部分宗教会使用传教士来扩大它的影响。

给予其直接的管辖权,在利益的驱动下,教皇都尽量满足了西班牙的这些要求,于是西班牙在美洲的任何活动都可以解释成是教皇的意思,这让殖民者的行事更加肆无忌惮。

配合军事征服下的精神征服开始了

殖民统治要想得到长久的效果,光靠军事上的征服是肯定不行的,殖民者们都知道,精神上的渗透才是最重要的。

回头看看西班牙殖民者的整个美洲征服史,他们在每一次的征服过程中,在军事人员的队伍里,总能看到传教士的身影,每一次大规模的军事征服活动结束后,必然会有传教士去往被征服地区的各个角落进行传教。对于西班牙人来说,天主教的传播成了他们征服美洲必不可少的工具。

公元1523年,大批传教士来到新西班牙,10年后,另一批传教士又来到了秘鲁,他们迫使印第安人放弃自己原来的宗教信仰,接受基督教,为此他们不惜毁掉印第安人的神庙、图腾还有神像。他们经常把印第安人聚集在一个地方,然后说明自己是上帝派来拯救他们的,上帝会给这片土地带来自由和财富,所以印第安人必须接受上帝的使者——也

[传教士利玛窦]

15世纪后期,随着地理大发现及西班牙和葡萄牙的对外扩张,欧洲传教士纷纷前往世界各地传教。在我国明朝万历年间,耶稣会率先入华,掀开了明清时期中西方科学与文化交流的序幕。

就是西班牙人的管理。因此，许多印第安人开始变得心甘情愿，他们自愿为西班牙人劳动，后来慢慢变成西班牙人的奴隶。

但是也不是所有的印第安人都会接受西班牙人的这种做法，他们还是坚持自己的信仰。面对这种情况，传教士们只好改变策略，他们首先让自己融入印第安人的生活，学会了土著语，然后教印第安人更先进的生产方式，还修建了学校和教堂，进一步加深了土著人的信任，潜移默化地影响着印第安人的信仰。

教会的权力

教会在美洲地区可以说是无处不在，他们通过宣扬基督教义来麻痹印第安人，让印第安人相信只要服从上帝的指令就能脱离苦海，所以他们要忍受被剥削和压迫，慢慢地印第安人的社会地位越来越卑贱。在这样的基础上，教会的权力越来越大，国王资助他们，所以传教士们享有国家补贴和免税权，印第安人如果想要皈依天主教还要向教会缴纳入会费。

人都是贪婪的，传教士也不能免俗。他们利用上帝的名义，让那些有罪的人向上帝承认自己的过错，如果要想得到上帝的原谅，就得把因罪孽得来的不义之财交给教会。教会就这样逐渐变得富有且有威望，传教士也一度成为西班牙人最向往的一种职业。

❦ [西班牙传教士]

❈ [传教士圣多明我]

圣多明我，公元 1170 年出生，14 岁进入巴伦西亚学校读书。公元 1217 年创立多明我会。卒于公元 1221 年 8 月 6 日，终年 52 岁。临终时，他身上穿的衣服是玛尼太修士借给他的，睡的则是另一位修士的床。他于公元 1234 年荣列圣品，不管是否为圣人，其品德都值得赞颂。

西班牙宗教界出现了一场所谓"为正义而战"的辩论

面对印第安人的惨状，终于有人看不下去了。公元 1511 年，多明我会（天主教托钵修会主要派别之一。公元 1217 年由西班牙人多明我创立）的代表人物就提出征服者无权残暴地对待印第安人，他们认为印第安人也是人，人在上帝面前都是平等的。这一观点的横空出世，在西班牙境内引起轰动，甚至让国王都开始重视起来。面对这样的情况，西班牙的神学家、法学家还有一些学者都纷纷发表了自己的看法，最后大致衍生出来两种观点：一种观点认为，虽然印第安人是自由人，但是欧洲人是奉上帝的旨意来到美洲大陆的；另一种观点认为，上帝将美洲赐给西班牙，因此西班牙有权在这片地区为所欲为。两种观点实际上都是西班牙为自己的殖民行径进行的一次荒谬的辩解，国王这个时候发声了：美洲对于西班牙而言是什么其

❈ [多明我会的传承结构]

多明我会主要在城市的中上阶层传教，但在 18 世纪后趋于衰弱。多明我会强调圣母玛利亚亲授之《玫瑰经》，并加以推广，现今已是天主教徒最普遍传诵之经文。

❈ 多明我会，又译"多米尼克派"。天主教托钵修会主要派别之一。公元 1217 年由西班牙人多明我创立，同年获教皇洪诺留三世批准成立。

实无所谓，但是西班牙才刚刚开始对美洲实行征服活动，继续就对了。

而在这场为正义而战的辩论中，多明我会表现得尤其活跃，他们坚决捍卫印第安人的人权。他们认为印第安人是人，不是动物，面对现在美洲已经被殖民的事实，印第安人就应该是西班牙国王的臣民，国王应该对自己的臣民加以监督和保护。表面上看，这套理论还算是正义的发声，实际上这套理论有很大的迷惑性，他们虽然是在为保护人权而奔走，但实际上他们只是在保护西班牙的殖民主义而已。

相较于多明我会隐晦的观点，接下来的这种观点就显得赤裸裸了。西班牙宗教界的人道主义者们把人分成两类：一类是文明人，一类是野蛮人，文明人是统治者，野蛮人是被统治者，所以统治者要将被统治者从野蛮中解救出来，从而让所有人都变成文明人。显然，西班牙人就是所谓的文明人，所以有人公然宣称西班牙征服美洲这块土地，实际上是为了使那里的人变得更加文明，这是西班牙人的责任。

还有很多类似的观点，都在为西班牙的殖民行径进行辩护，认为西班牙人才是和平的化身，当时许多人都相信西班牙人才是正义的，甚至连许多身处水深火热之中的印第安人也是这样相信的，这也就更加加深了印第安人的痛苦。

[多明我会会徽]

多明我会曾控制着欧洲一些大学的神学讲坛。除传教外，主要致力于高等教育。意大利的博洛尼亚大学、法国的巴黎大学、英国的牛津大学等均为该派从事教学和研究活动的场所。

[《圣母和圣多明我》－油画]

扩展阅读 西班牙耶稣会对全世界的宗教征服

❦ 耶稣会,公元 1534 年由圣罗耀拉在巴黎大学创立,公元 1540 年经教皇保罗三世批准成立。自这个教会开始,就不再奉行中世纪宗教生活的许多规矩,如必须苦修和斋戒、穿统一制服等制度,开始了中央集权,向宗座发誓效忠的方式。

耶稣会的先驱伊格纳斯

伊格纳斯是大名鼎鼎的罗耀拉家族的后裔,这个家族世代为贵族服务,忠于传统,但是战争抹去了这个家族的荣耀,尽管这样,这个家族依然还是很富有,但实际上因为家中要养活的人太多,所以他们的生活一直不怎么好。伊格纳斯是这个家族里最小的男孩。

伊格纳斯 14 岁的时候成了孤儿,他去了王宫做侍应,在王宫里度过了一段快乐的时光,在这段时间里练武、骑马、看小说,梦想着将来要成为一名骑士,像个英雄一样潇洒地生活。于是他披着蓬乱的卷发,穿着短短的丝绸大衣,挺着干瘦却肌肉发达的身板,在伊比利亚半岛上游历,他也常常因为自己的门第而自豪。

❦ [罗耀拉家族的伊格纳斯]

伊格纳斯·罗耀拉(1491—1556 年),西班牙的小贵族,耶稣会的创建者,他是 16 世纪天主教反宗教改革运动中影响最大的人物之一。

❦ 耶稣会的成员都是神父,非神父不能成为成员。他们没有专门的制服。成员一般在他们的名字后面加上 SJ 的字母。

❦ [耶稣会会徽]

公元 1521 年，伊格纳斯 30 岁了，这一年，他在一场战争中被子弹打中，虽然活了下来，却变成了一个瘸子。

这之后的一段时间，伊格纳斯只能与他喜爱的小说里的那些骑士与英雄相互安慰，他把自己锁在了书房，在看过一本本书后，终于在一个布满了灰尘的书架上看到了一本《基督传记》和一本《圣徒列传》。他忽然清醒过来，发现所谓的英雄并不一定要是挥舞着剑的那种，他似乎找到了对上帝的热爱，从而又有了一个奋斗的目标。

耶稣会诞生

于是伊格纳斯骑着一匹骡子，去寻找他的信仰，但所有人都在嘲笑这个来自西班牙的瘸子，不过他还是坚持自己的目标。

公元 1534 年 8 月 15 日，这一天是圣母升天节，他和他的朋友虔诚地拜倒在蒙马特尔本笃会修道院地下小教堂的地板上，他们匍匐着，发誓一生忠于教皇，将金钱和肉体都交给上帝，并发誓一定会去往圣地，让全世界都改宗基督教。于是在那个晴朗的早晨，耶稣会诞生了。

> 耶稣会渗入社会各阶层：开办学校、医院，投资工商业，进行科学研究，出入宫廷，担任忏悔师。另外，他们还积极推进海外传教，最早的传教士有圣方济各·沙勿略，来华的传教士有利玛窦、汤若望、南怀仁等。

> 耶稣会是天主教主要修会之一，为半军事组织，仿军队建制，纪律森严。以一般修会三愿（贫穷、贞洁、服从）为基础，但强调绝对服从教皇。耶稣会分神父、修士、助理修士三个神品。神父是耶稣会核心，在神父中选出各级领导和总会长（又称"将军"）。

▼ [教皇保罗三世（中间）]

保罗三世（1534—1549 年在位）是典型的文艺复兴教皇，不仅积极地建立神权共和政权，还促成公元 1545 年塔兰托会议的召开，使天主教会在遭到宗教改革运动打击之后有了起色。

❦ [较精细的十字锤制币（1400—1550年）]

❦ 从腓力二世到腓力三世这段时期（也就是16世纪中叶到17世纪初）是西班牙历史上的黄金时期。虽然有无敌舰队被英国几乎全灭的败绩，但西班牙帝国在这段时间内是名副其实的强大，因此这个时期西班牙造币厂的铸币比较精美。

建立耶稣会十分困难

伊格纳斯的耶稣会没有得到西班牙的认可，甚至连家人都反对他的事业，伊格纳斯生气了，他离开了西班牙到了意大利，并且决定再也不回来。在意大利不管是皇帝还是教皇，都无条件地支持他的事业，他们承认了耶稣会，还让伊格纳斯当选了修会的会长，他们被派去世界各地进行传教。

伊格纳斯的事业在往前推进的过程中遇到了重重困难，但谁也没办法阻止这个疯子，别忘了他曾经是想成为骑士的，骑士的血液已经融进了他的骨血。他依然喜欢战斗，他希望的纪律是绝对服从，在他的规章制度下，只有少数人才被允许进入耶稣会。

他将自己所有的对宗教的热情都写在了一本书里，这本书叫作《心灵修炼》，这是一本教人苦修的书，要求人们集中注意力来发现人性，反省宗教的问题。公元1556年，伊格纳斯去世，他不仅在西班牙留下了关于耶稣会的痕迹，还让耶稣会在全世界进行宗教征服，而这个时候，耶稣会才成立不到15年。

❦ 甘蔗种植园和牧场

西班牙人来到美洲，最主要的目的当然是为了财富，虽然他们有一部分目的是去传播宗教，但是不可否认，除了财富，其他的都是次要的。

刚开始靠抢劫，但印第安人实在是没有可供抢劫的东西

西班牙人刚到美洲的时候获得财富的方式主要是靠抢劫。但是对于那些生活还处于比较原始状态中的印第安人来说，被抢劫了一次，也就没什么

可供第二次抢劫的了,但是殖民者不甘心大老远来到这里却只能拿到这么一点点东西,于是心思活络的西班牙人决定开始经营这片土地,利用这片土地上的资源去赚欧洲人的钱。

在一个陌生的地方经营一方事业,需要深思熟虑,当时对于想要靠经营手段获得财富的西班牙人来说,需要考虑的问题只有两个:一个是欧洲人需要什么,另一个是美洲大陆能够提供什么。依照这个思路,西班牙人很快就有了想法,那就是把美洲变成种植园和牧场。

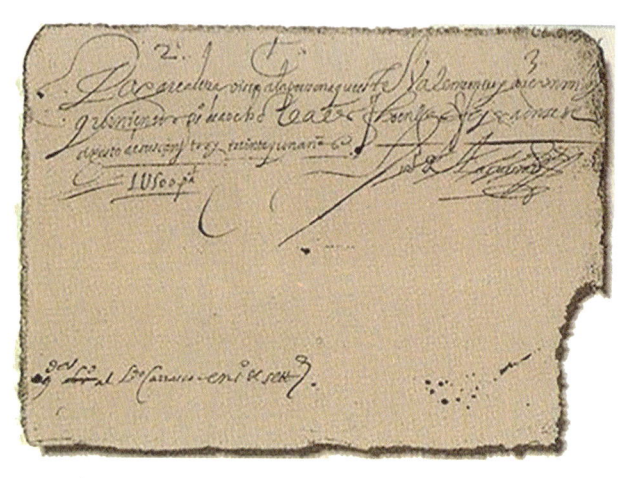

[利马的银行存单(1615年)]

西班牙人为了更好地在利马开展贸易,从公元1604年开始就在利马创办银行。银行接受存款,并在理论上监督了当局的信贷业务。

糖的意义

当时,糖对于欧洲人来说是一种奢侈品。阿拉伯人第一次把甘蔗带到欧洲,糖也一瞬间就让欧洲人为之疯狂。在当时糖容易让人上瘾,而且有时还会被当作药品和防腐剂来使用。但是甘蔗的种植条件太过苛刻,在欧洲能种植甘蔗的地区少之又少,但是美洲却不一样,这里有土地,有奴隶,温度也适合,所以几乎是发现新大陆的同时,西班牙人也发现了在这里种植甘蔗的前景。

美洲开始成为制糖厂

殖民者们开始摩拳擦掌地要干一番大事业了,他们决定建立一个巨大的甘蔗种植园,但是因为投资一个甘蔗种植园在当时还是比较困难的,所以殖民者们还需要一些时间。

16世纪初,西班牙岛(即海地岛)出现了最早的甘蔗种植园,但是这个时候榨取甘蔗汁的方式还相当原始,而且他们还没有技术能够将甘蔗汁加工成蔗糖。15年后,

[较精细的十字锤制币(1571—1621年)]

腓力二世于公元1570年签署了新的法令,要求新西班牙总督辖区的墨西哥造币厂铸行新版银币,从此那些粗糙的旧币被精致的新币替换。

第5章 巩固在美洲的统治

❖ [西班牙的美洲种植园]

甘蔗是温带和热带农作物，是制造蔗糖的原料，且可提炼乙醇作为能源替代品。全世界有 100 多个国家种植甘蔗，最大的甘蔗种植国是巴西、印度和中国。

❖ [16 世纪美洲的写照]

当西班牙人开始发展畜牧业时，美洲就变成如图一样的情景。这幅刻板画来自 16 世纪，记述了当时的美洲家庭的基本生活情况。

❖ 当时墨西哥城东北部的山谷里，养牛业开始迅猛发展起来，因为牛太多了，让墨西哥城里的牛肉价格一度低迷，后来政府强制命令固定了牛肉的价格，牛肉市场才好起来。

这里才出现了第一家制糖厂，当时这家制糖厂被叫作畜力制糖厂，前期投资很大，但效益也非常好，几乎是辛苦一年或者一年半就可以回本了。

蔗糖生产的传播

生产蔗糖的回报实在是太高了，一时间人们争相种植，制糖厂也慢慢地从西班牙岛向牙买加、波多黎各还有古巴等岛屿传播。到了公元 1523 年，牙买加就建立了 30 多家制糖厂，5 年后波多黎各也成了生产蔗糖最重要的地区之一。接着，蔗糖的生产开始在殖民大陆风靡，公元 1531 年，墨西哥开始建立制糖厂，不久之后，秘鲁也开始涉足这一产业。

蔗糖生产的快速传播也给美洲的经济带来了重要的影响，美洲开始变成世界上最重要的蔗糖生产地区。但是在经济效益的驱动下，美洲开始有了单一经济作物种植的发展倾向，这也成了后来美洲殖民地经济发展的致命伤。

> 当时墨西哥养牛大多是为了卖牛肉，不过在远离城市的边远地区，养牛往往是为了牛油和牛皮，他们要用这个来做蜡烛和防护服。

美洲变成了牧场

除了甘蔗种植园的发展，美洲殖民地还有另一种产业，那就是畜牧业。哥伦布第二次来到美洲的时候，就做好了长期在这里发展的打算，因此他从卡斯蒂利亚高地带来了马、牛、羊、猪等家畜。西班牙人向来不喜欢农耕劳动，他们传统上比较偏好畜牧业。因此，殖民者来到美洲后，畜牧业就尤其受到重视，甚至在新西班牙规定，每建立一个城市都必须留出可以养 2000 头牲畜的土地。

畜牧业是从西班牙岛开始发展起来的，后来经新西班牙总督们的宣传，又把羊引进了墨西哥，从此墨西哥开始发展了羊毛工业。

> [印第安人猎杀野牛]
>
> 对于印第安人来说，野牛是一种神圣的动物，它在印第安人的文化、精神和经济生活中扮演完整而全面的角色，印第安人能从野牛身体上的各部位获得食物、衣物、骨质工具、火源（牛粪）和建筑材料等想要的一切。

第 5 章 巩固在美洲的统治

* 盛产白银的秘鲁与墨西哥制造商之间的交易，推动了秘鲁总督与新西班牙总部之间的早期商业活动。

* 从公元 1570 年开始，由于塞维利亚的垄断行为，导致中国、印度尼西亚和日本生产的丝绸、香水和珠宝等产品非常具有吸引力，这些产品通常比欧洲同行便宜得多。因此墨西哥成为向秘鲁再出口亚洲产品的中转仓。

因为畜牧业的发展，使得每一个来到美洲的西班牙人不用为生活发愁，他们甚至都不用找工作，每天看看自己的小院子就够了。

金银的掠夺

哥伦布在到达美洲后的一篇日记中这样写道："我尽力留神，看其中是否有黄金……"，西班牙人来到美洲，搜刮黄金才是他们的目的。

淘金成为热潮

15 世纪以前，印第安人的生活还处于比较原始的状态，哥伦布来到这里之后，确实是看到一些印第安人的饰品是用金子做成的，他们看到金子就疯狂了，毫不留情地进行了抢劫，但是一次抢劫过后，就再也没法在印第安人那里得到更多的金子了。靠抢劫得来的金子并不

* [挖金沙－油画]
采矿业是殖民地经济支柱之一。殖民者会使用当地的奴隶来挖矿，成本非常低，简直可以说是一本万利的生意。

能满足殖民者的欲望,于是在新大陆上很快就掀起了一股淘金热。

所有的殖民者都很看好淘金的前景,但是他们没有想到的是,他们最初登陆的西班牙岛并没有那么多金矿可供开采,他们很快就将这里的金矿挖掘干净,之后便不想停留在这里了,他们嗅着黄金的味道到达了内陆地区,在他们听说了盛产黄金的印加帝国之后,殖民者们每天都在幻想,求上帝早日让自己找到去往印加帝国的路。于是印加帝国被征服了,几乎所有的淘金者都趋之若鹜地去了那里,毕竟金银才是能让西班牙国王高兴的东西。

开发巨大的银矿

殖民者心中充斥着对黄金的梦想,但在刚开始殖民美洲的时候,有限的资源几乎让他们绝望,这种绝望的心情一直到征服了秘鲁和墨西哥后才有所好转。

公元1530年开始,殖民者陆续在美洲大陆上发现了许多金、银矿,特别是白银矿,有人甚至随便挥

❈ [16世纪起来自中国的马尼拉大帆船]

马尼拉大帆船是"The Manila Galleon"的直译,它是16世纪下半叶至19世纪初的250年间,航行于菲律宾的马尼拉与墨西哥的阿卡普尔科之间的货运船只,是一种木制帆船,一般载重量在几百吨到一两千吨。由于马尼拉大帆船的货物主要来源于中国,以当时风靡全球的中国生丝与丝绸为主,因此墨西哥人直接把马尼拉大帆船叫作"中国船"。

第 5 章 巩固在美洲的统治

❈ [装货的场景]

[塞维利亚的贸易]

塞维利亚是一座因水而兴，又因水而灵的城市。公元1492年，哥伦布发现美洲大陆后，这里曾设有"印度群岛（即美洲）交易之家"，垄断了西班牙的海外贸易，图中描绘的是塞维利亚鼎盛时期的景象。

一下锄头，都能挖到银矿石。这种欣喜在公元1545年到达了顶峰，因为殖民者在秘鲁发现了一个巨大的白银矿，这里的白银产量甚至一度占了世界白银产量的一半，按照之前殖民者和西班牙王室的协议，西班牙国王卡洛斯一世也从这里得到了丰厚的回报，他下令在这里建立了波托西城，一个世纪以后，这座城市成了美洲最大的城市，当时人口达到了16万人。

但是因为银矿资源太多，白银的产量太大，白银慢慢地变得不值钱了，甚至还比不上铁的价值，这也为后来西班牙爆发的经济危机埋下了隐患。

大洋上的双船队制

早在公元1503年，塞维利亚就出现了一个商人公会，这个商会的部分重要业务就是主导西班牙和其殖民地的贸易。后来西班牙国王把这个公会纳入国家的控制之下，以商会作为工具垄断和殖民地的贸易活动。西班牙几乎所有去往美洲殖民地的船只都必须在这里起航，沿途只允许在维拉克鲁斯、贝略港和卡塔赫纳停泊，所有装载货物的船只都由西班牙船队负责，但是海上贸易线上的海盗实在是难以对付，所以船队必须在特定的时候结队出海。

为了保护船队顺利往返，公元1543年，西班牙正式推出了"双船队制"，刚开始是指每年组织一支商队贩货，一支舰队护卫，即"两支船队"，公元1560年前后，这种将垄断贸易组织起来的"双船队制"最终成型。

双船队制的具体内容是：所有来往美洲的船只都要组织起来，分为两个船队。第一个船队在四五月间起航，驶往维拉克鲁斯，途中在波多黎各、海地、古巴停靠，所载的货物运往墨西哥、中美洲和加勒比海各岛屿。第二个船队在八九月间起航，到达南美北部海岸卡塔赫纳停泊，然后驶往贝略港。

船队运送的不只是货物，有时候还有人，一些殖民地官员、士兵、传教士还有商人也会登船，他们主要是为了去更好地统治殖民地，然后开发殖民地的价值。

这种制度持续了200多年，商人们是这种制度的赢家，而最大的赢家就是西班牙王国，黄金和白银源源不断地从美洲运到西班牙，这是一笔巨大的收入。后来因为西班牙实力的衰落，无法维持商业垄断地位，公元1798年，西班牙的波旁王朝废除了这个制度。

[西班牙大帆船]

西班牙大帆船是一种大型三桅帆船，通常有两层或更多的甲板，常被西班牙用作商船或战舰。著名的西班牙运宝船队即是由这种船只组成。另外，当用作战舰时，会在上面安装大炮，50磅的炮弹射程达400米。

第5章 巩固在美洲的统治

黑暗的三角贸易

三角贸易也就是黑人奴隶贸易，即西班牙和葡萄牙的商人把一些生活用品及没有什么用处的玻璃珠之类的小玩意运到西非沿岸，用来交换黑人奴隶，把他们从非洲运到美洲的甘蔗种植园或让他们去开采矿场资源，然后再把美洲的金银、糖、牛皮等运回欧洲。三角贸易为非洲黑人带来了严重的灾难。

[堆在船底的黑人奴隶 – 雕像]

16世纪开始的"三角贸易"即奴隶贸易,欧洲奴隶贩子从本国出发装载盐、布匹、朗姆酒等,在非洲换成奴隶后沿着所谓的"中央航路"通过大西洋,在美洲换成糖、烟草和稻米等种植园产品以及金银和工业原料返航。在欧洲西部、非洲的几内亚湾附近、美洲西印度群岛之间,航线大致构成三角形状,由于被贩运的是黑人,故又称"黑三角贸易"。这种贸易历时300年之久。

三角贸易严格来说是从公元1501年开始的,这一年第一批黑人奴隶被运往美洲,之后断断续续的有不少黑人被运往美洲。但是数量很不够,加上因为生活条件太差,黑人奴隶的大量死亡让殖民者很头疼。于是西班牙国王大笔一挥,批准了直接从非洲往美洲运黑人的建议,这已经是公元1517年了。据统计,整个16世纪,运往西属美洲的黑人奴隶达75 000人,但还是不够,劳动力还是太少了,但是也没有办法,实在是没有人了,于是殖民者更加放肆地压榨黑人奴隶,但这样的"过度使用"又透支了黑人奴隶的体力,用不了多久,黑人奴隶就不行了。无止境的黑暗,让黑人奴隶看不到丝毫希望。

[抓捕黑人奴隶]

第 6 章
西班牙在东方世界的事业

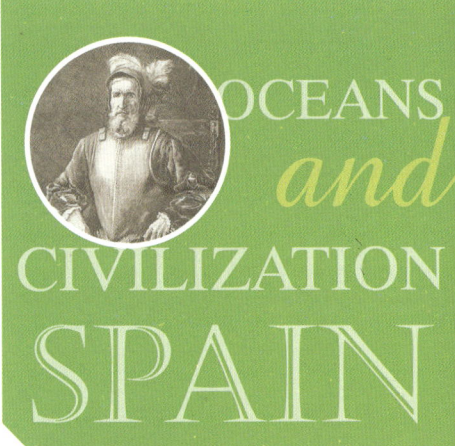

在哥伦布发现美洲后，虽然掀起了一场殖民美洲的热潮，但是西班牙并没有放弃寻找印度新航线，曾组织了多次远征队，结果一无所获，直到麦哲伦的出现。

🌱 葡萄牙的麦哲伦却得到了西班牙的支持

麦哲伦出生在葡萄牙，公元 1514 年，他向当时的葡萄牙国王曼努埃尔一世提出向西航行到达香料群岛的计划。但是因为在公元 1454 年，葡萄牙与西班牙在大西洋问题上达成了协议，葡萄牙向东，而西班牙向西。更重要的是，当时葡萄牙因为达·伽马的探险，掌握了从欧洲绕好望角到达印度的航线，曼努埃尔一世认为东方贸易已经得到了有效控制，对麦哲伦的计划并不感兴趣，所以拒绝了他。

于是麦哲伦决定去西班牙碰碰运气。公元 1517 年，麦哲伦离开了葡萄牙，来到了西班牙的塞维利亚，这里的要塞司令非常欣赏他的勇气和才能，把自己的女儿嫁给了他，并将他推荐给了国王卡洛斯一世。公元 1518 年 3 月 26 日，卡洛斯一世接见了麦哲伦，并欣然同意支持他的计划，他和麦哲伦签订

[费尔南多·麦哲伦]
麦哲伦于公元 1480 年出生于葡萄牙北部波尔图的一个没落的骑士家庭，后来为西班牙效力，于公元 1519—1522 年 9 月率领船队完成环球航行，麦哲伦在环球航行途中在菲律宾死于部落冲突中。

了协议,双方约定:麦哲伦带领船队远航,卡洛斯一世派人做麦哲伦的副手,船只和费用都由西班牙王室提供,但发现的土地要归西班牙所有,麦哲伦任新大陆总督,可以获得殖民地收入的 1/20。

麦哲伦的船队来到了菲律宾群岛,骗取了大量的黄金

公元 1519 年 8 月 10 日,麦哲伦以"特里尼达"号为旗舰组织了一支船队出发了,另外还有"圣安东尼奥"号、"康塞普逊"号、"维多利亚"号和"圣地亚哥"号。船队开始向西远航,他们在大西洋上航行了 70 天后到达巴西海岸,次年 1 月 10 日,他们来到了一个无边无际的大海湾,船员们以为到达了美洲的尽头,可以顺利进入新的大洋,实地调查后才发现那不过是个河口(拉普拉塔河口)。3 月底,船队到达圣胡利安港过冬,由于缺衣少食,船员们发动叛乱,3 个船长联合反对麦哲伦,麦哲伦假意和他们谈判,趁机杀死了叛乱者,平息了叛乱。

公元 1520 年 8 月,船队继续前进,先是穿过了一个海峡(后来这个海峡被命名为麦哲伦海峡),然后又横渡了太平洋,于公元 1521 年 3 月到达菲律宾群岛,麦哲伦在这里看到了中国的瓷器,他认为

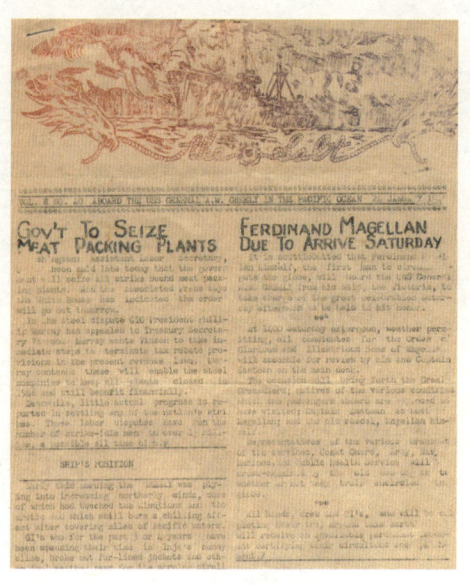

[公元 1524 年关于麦哲伦航行的描述]

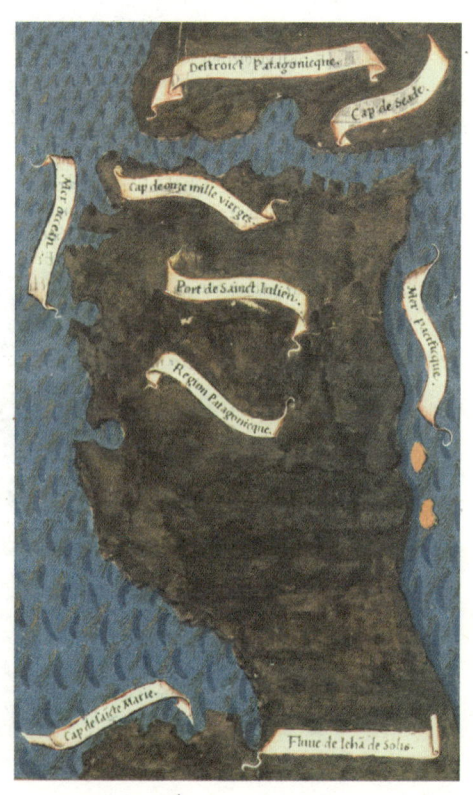

❖ [麦哲伦海峡在历史资料中的记载]

麦哲伦海峡位于南美洲大陆最南端,由火地岛等岛屿围合而成。麦哲伦海峡蜿蜒曲折,长 592 千米,最窄处仅有 3.3 千米,最宽处却有 32 千米左右。这里是南大西洋与南太平洋之间最重要的天然航道,但由于长期恶劣的天气,加上海峡狭窄,船只很难航行。

"马上就要到香料群岛了,或者他们已经在香料群岛了"。

他用廉价的东西哄骗岛上的人,交换了大量的黄金,为了让当地人相信自己的实力强大,他还向岛上的土著展示了船队以及船上的大炮,这让这些没见过世面的岛民尤其兴奋,纷纷在麦哲伦的游说下皈依了基督教。

麦哲伦被乱刀砍死在马克坦岛

麦哲伦成了这些新基督徒的靠山,为了推行殖民统治,他插手附近小岛首领之间的内讧,公元1521年4月27日,麦哲伦亲自率领一部分士兵来到马克坦岛,准备依靠武力让岛上的土著屈服。由于马克坦岛的周围被珊瑚群包围着,麦哲伦的船队只能被迫停在远处海面,船上的炮无法攻击岛内的重要位置,于是麦哲伦带人上岸了,他下令烧毁这个岛上的村庄,被激怒的岛民疯狂地向他们涌来,麦哲伦他们被击败。麦哲伦在撤退时腿受了伤,被追上的土著人乱刀砍死,死后尸体被曝晒。一位伟大的航海家就这样将自己的生命留在了远方。

[杀死麦哲伦的菲律宾酋长拉普拉普]

在菲律宾马克坦岛北岸有一座纪念亭,亭中耸立着一块石座铜碑,这是一块特殊的纪念碑,碑的正反两面同时用英文雕刻着两位相互敌对的人物事迹。

铜碑正面的文字是:1521年4月27日,拉普拉普和他的战士们,在这里打退了西班牙入侵者,杀死了费尔南多·麦哲伦。

[拉普拉普率领菲律宾土著与西班牙人战斗]

[马克坦岛]

马克坦岛位于保和海峡中，邻近宿务岛东岸。岛上地势低平，有长满红树的大片沼泽地。马克坦岛上的度假地点之多可谓宿务之冠。这里没有宿务的喧嚣及商业味道，四处皆是漂亮的海滩及度假设施，豪华酒店、一流的餐厅、购物中心令人目不暇接，各式各样的水上活动，如风帆、潜水等，令游人乐而忘返。

西、葡矛盾又爆发，争夺摩鹿加群岛

麦哲伦死后，他的同伴们继续航行，公元 1522 年 9 月 6 日才终于回到西班牙。船队在出发时有 265 个人，回来时只剩下 18 个人。

麦哲伦的环球航行造成了巨大轰动，他证实了地球是圆的，帮西班牙建立了往西航行到香料群岛的航线，西班牙终于能打破葡萄牙在东方世界的贸易垄断了。

麦哲伦的船队回来后，西班牙国王卡洛斯一世立即派船队在摩鹿加群岛（即当时的香料群岛）登陆建立军

伟大的航海家们：科学更多的是为了殖民和征服服务

麦哲伦和哥伦布几乎代表了一个时代，他们都是勇士，相信科学。他们的思想无疑是超前的，拼命地想要证明自己相信的东西——地圆说。哥伦布勇敢地迈出了第一步，麦哲伦受到哥伦布的启发终于完全证实了那个猜想，一个完整的世界就这样被伟大的航海家们呈现出来了。

但是在当时，一切的科学都不是为自己的信仰服务的，科学更多的是为了殖民和征服服务，所以航海家们发现的世界让欧洲人兴奋，让他们忘记了要保留最纯正的心，每个人都变成了野蛮人，让人害怕，也让人觉得惋惜。

事基地，而葡萄牙之前一直垄断着这里的香料市场，于是西、葡矛盾再一次爆发，这一次西班牙被打败了，但是西班牙一直没有放弃在摩鹿加群岛的权利。两国开始谈判，关系渐渐缓和。

公元 1526 年 3 月 11 日，西班牙国王卡洛斯一世迎娶葡萄牙公主伊莎贝拉，两国关系进一步缓和。公元 1529 年 4 月 22 日，两国终于各自退了一步，签订了《萨拉戈萨条约》，条约规定：摩鹿加群岛归属葡萄牙，但葡萄牙必须向西班牙支付一笔巨款才能得到其财产拥有权、航海权和贸易权。

麦哲伦环球航行探险的成功，让西班牙终于醒悟过来，原来他们一直都没有到达过东方，希望一切都还不迟，西班牙终于要开始肆虐东方城市了，他们要去见一见传说中马可·波罗到过的东方世界了。

❀ [麦哲伦的亲笔签名]

❀ 《萨拉戈萨条约》是葡萄牙、西班牙两国分割全球的重要条约。公元 1522 年 9 月 6 日麦哲伦的同伴继承他的遗志完成了历史上首次环球航行，充分验证了地球是圆的，因此西班牙和葡萄牙于公元 1529 年重新签订了《萨拉戈萨条约》，用以明确分割在太平洋上的位置，这一条约标志着地理大发现史上一个重要章节的结束（这条线的变化，在前面章节已有地图，此处不再赘述）。

❀ 征服菲律宾，黎牙实比在这里建立了第一个西班牙殖民根据地

麦哲伦船队的环球航行成功了，西班牙在兴奋过后决定派军队去征服菲律宾。

公元 1525 年 7 月，西班牙国王卡洛斯一世派出船队去征服菲律宾，但由于海上环境恶劣等原因，行动并不顺利，于是卡洛斯一世把征服菲律宾的任务交给了在墨西哥的科尔特斯。

公元 1527 年 10 月，科尔特斯给了自己的表兄弟一支船队，派他前往东南亚，看看能不能找到合适的殖民地。但这支船队的命运很悲惨，他们有两艘船在暴风雨中沉没，其他的船只找不到返回墨西哥的航线，加上葡萄牙担心西班牙的此次行动会损害自己的利益，沿途多加阻挠，导致损失惨重，最后这支船队中幸运登陆的残兵也被葡萄牙劝降。

第 6 章 西班牙在东方世界的事业

海洋与文明 西班牙 | 139

[菲律宾群岛里的一个珊瑚岛]

14 世纪之前，菲律宾群岛上并未形成国家，多以土著部落形式存在。公元 1390 年，苏门答腊岛上的移民米南加保人建立了菲律宾历史上第一个国家——苏禄苏丹国。到了我国大明永乐年间，受郑和下西洋影响，苏禄群岛上的三位国王东王巴都葛叭哈喇、西王麻哈喇葛麻丁、峒王巴都葛叭喇卜，率领家眷一行 340 人组成使团，前往中国进行访问。

> 前来中国的菲律宾三王之一的东王巴都葛叭哈喇行至山东德州段时，因生病医治无效去世，遗命留葬中国。明永乐皇帝以国王礼节将其葬于德州，并赐谥号"恭定"。东王一家除长子都马含回国嗣位外，其余家属包括王妃葛本宁、叭都葛苏性，次子安都禄、三子温哈剌等 10 人均留德州守墓。

又一次失败的菲律宾之行，命名了菲律宾

公元 1542 年，西班牙国王卡洛斯一世又让科尔特斯组建一支新的军队，去往菲律宾调查清楚那里的各种情况，然后建立从墨西哥到菲律宾的航线，但这支军队搞错了重点，他们贪婪成性，觉得抢夺粮食和黄金才是最重要的，所以这次出征也以失败告终，唯一做出的"贡献"可能就是用卡洛斯一世的儿子腓力亲王的名字命名了这里，菲律宾群岛的名字就是这么来的。总之，自从麦哲伦去世，西班牙人似乎再也找不到在太平洋上的航路了。

花了近三年的时间重新组建一支远征军

公元 1556 年，西班牙的腓力亲王继位，即腓力二世。可能是那个用他名字命名的岛屿太过诱人，所

以他时时刻刻都在想把那里变成自己的领土。

公元 1559 年 9 月 24 日，他给墨西哥总督写信，强调了在墨西哥建立殖民地以及找到太平洋到墨西哥航线的重要性。

西班牙人接受了过去失败的教训，花了近 3 年的时间重新组建了一支远征军。

这支远征军的总指挥是黎牙实比，他由腓力二世亲自指定作为这次远征的指挥官，因为其极富冒险精神且航海经验丰富。

❋ [西班牙国王腓力二世]

公元 1527 年出生于西班牙，是神圣罗马帝国皇帝查理五世（也就是西班牙国王卡洛斯一世）的长子。他是西班牙历史上承前启后的人物，是西班牙从查理五世帝国分离后的首位君主，其统治（1556—1598 年）也见证了西班牙由盛转衰的历程。

第 6 章 西班牙在东方世界的事业

❋ [黎牙实比的风景]

与岛民谈判，遭到了拒绝，只好用武力强势入驻了

公元1564年11月，这支远征军从墨西哥出发了，这次航行很顺利，船队到达了菲律宾群岛。黎牙实比吸取了前几次的教训，在和菲律宾人的接触中，伪装好殖民地的嘴脸，迅速得到了岛民的欢迎，等差不多安顿好、熟悉群岛的情况后，他就开始了自己的征服计划了。他把第一个殖民据点选在了宿务岛，因为这里不管是北上

❋ [黎牙实比]

黎牙实比是西班牙入主菲律宾时的总指挥。公元1569年，西班牙国王任命黎牙实比为菲律宾总督。公元1572年，西班牙攻占吕宋岛，当年黎牙实比在马尼拉病死。

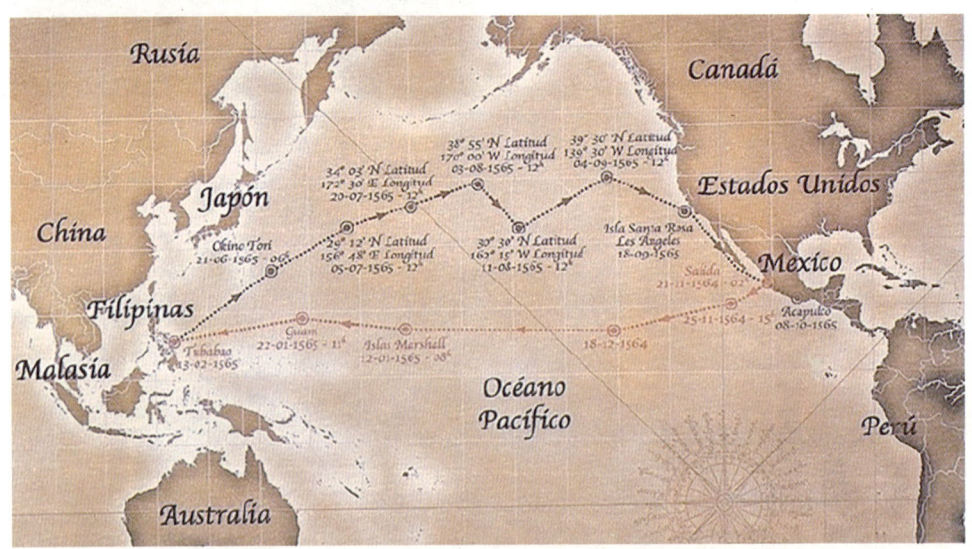

❋ [黎牙实比的探索路线]

公元1556年，腓力二世想把殖民地从美洲扩展到亚洲，把太平洋变成"西班牙的内湖"。公元1559年，他写信给墨西哥总督，反复强调拓殖菲律宾群岛的重要性。他指令总督负责组织对菲律宾进行新的远征，并明确这次远征的任务：第一，派到菲律宾的两艘船只要带回在那里种植的香料样品；第二，远征队要找到返回新西班牙的航线；第三，远征队不要触及摩鹿加群岛及其周围地区，以免违反公元1529年与葡萄牙国王签订的《萨拉戈萨条约》。

还是南下都十分方便。黎牙实比首先派人前去与那里的岛民谈判，但遭到了拒绝，于是只好用武力了。在猛烈的炮火攻击下，原来的岛民一边反抗一边撤退，西班牙人在炮火掩护下强行登岛。

就这样，黎牙实比在宿务岛建立了西班牙在东方的第一个殖民根据地。

🌱 腓力二世的第二个命令：寻找从太平洋到墨西哥的航线

西班牙的野心并不只是在菲律宾群岛中占领一个岛而已，他们希望得到菲律宾的全部，但是要完成这个目标，还需要更多的西班牙人的帮助，于是黎牙实比在宿务岛站稳脚跟后，马上开始探索从太平洋回到墨西哥的航线，这也是腓力二世的第二个命令。

由于太平洋远比大西洋要难对付得多，洋流和暴风雨都是威胁，黎牙实比手下有个叫安德列斯·德·乌尔达内塔的神父，决心做一次新的尝试。他乘坐"圣彼得"号，沿着太平洋中北部的日本潮流，借着季风向美洲航行。公元1565年10月，乌尔达内塔终于成功地回到了墨西哥，从此墨西哥能不断地支援西班牙在菲律宾的事业，同时东南亚和美洲的贸易也因为这条航线活跃起来。

❀ [西班牙在2003年发行的黎牙实比诞辰500周年纪念币]

黎牙实比被正式任命为菲律宾总督

从公元1566年开始，墨西哥就不断地给黎牙实比输送军队，让他在菲律宾有了能和葡萄牙抗衡的实力，可以在这里大肆扩张自己的领土。公元1569年刚开始，黎牙实比就在离宿务岛不远的班乃岛建立了第二个西班牙的殖民点。公元1569年8月14日，黎牙实比被正式任命为菲律宾总督。

[位于菲律宾马尼拉的黎牙实比和乌尔达内塔纪念碑]

马尼拉成了西班牙殖民中心

完成上述征服后,黎牙实比决定北上,公元1571年4月,他亲自率领一支远征军去攻打马尼拉,马尼拉政府对这场突如其来的祸事感到恐慌,他们自己内部面对这一问题发生了冲突。就在抵抗派和妥协派吵得不可开交的时候,妥协派拆除了巴石河口的防御工程,这相当于向黎牙实比打开了马尼拉的大门。

4月19日,黎牙实比正式占领了马尼拉,在接下来的一段时间里,马尼拉成了西班牙在菲律宾的殖民中心。

公元1572年,黎牙实比在马尼拉病逝,他去世之后,他的追随者们继续扩大西班牙在菲律宾的殖民范围,也渐渐坐实了西班牙在菲律宾的殖民霸主地位。

弗朗西斯·哈维尔在日本布道

西班牙对日本的征服看上去没有那么暴力。

哈维尔首先是一名传教士,他去的第一个传教的地

[弗朗西斯·哈维尔]
这张图像来自日本神户的神户博物馆内。哈维尔出生于公元1506年,是西班牙纳瓦雷家族唯一的继承人,对于外出的冒险事业,他没有其他西班牙人那样的野心,但却表现出非一般的文学追求。
公元1524年,他进入巴黎大学,之后又进入圣巴巴拉学院,1528年,被任命为亚里士多德哲学系讲师。

方是印度，后来他又陆陆续续地去了马六甲和马古鲁群岛，然后他来到了马来西亚。他在这些海岛上自由地呼吸，但他不快乐，他想最后到达的陆地是日本，他对日本向往已久。

他来日本的目的不是吞并，而是传教

当哈维尔踏上日本领土时，日本人友好地接受了他，他来到日本的目的其实并不是吞并，而是想让这个国家为基督教服务。这个国家对于欧洲人来说是一个颠倒的世界，他们用白色表示高兴，把牙齿涂黑认为这是美的，男人的动作和欧洲人刻板印象中的男人也完全不同。

大名对他十分友好，但是这里不适合街头传教

哈维尔在日本鹿儿岛住了一年，他第一时间拜访了大名，大名对他十分友好，他允许哈维尔在那里进行布道，但前提是要给那里的民众充分的精神自由。

哈维尔还渴望见到天皇，但这个要求被拒绝了。哈维尔的布道活动大部分在山野间进行，在大城市里的活动总是效果不佳，甚至造成了群众的反感，街头的传教在日本行不通，哈维尔决定改变策略。

[印度总督马丁·阿方索·德索萨]

哈维尔第一个传教的地点是印度，时任印度总督是马丁·阿方索·德索萨。当时哈维尔虽然随印度总督一同出发，但拒绝了总督的一切好意，只身带着几本书和普通水手住在一起。

[日本官名：大名（织田信长画像）]

大名是日本古时封建时期对领主的称呼。由比较大的名主一词转变而来，所谓名主就是某些土地或庄园的领主，土地较多、较大的就是大名主，简称大名。

第 6 章 西班牙在东方世界的事业

[日本鹿儿岛]

公元1549年8月,西方耶稣会传教士到达鹿儿岛(日本九州岛的最南端),基督教从此进入日本。当时耶稣会的传教活动集中在此地。到公元1614年时,日本基督徒总数超过了30万。

成了一位高贵的和尚,光明正大地传教

哈维尔穿上了一件华丽的衣袍,他摇身一变成了一位高贵的和尚。他向大名递交国书,还赠送了许多珍宝,大名被这些礼物诱惑,于是他被准许光明正大地传教,还分给了他用来修建修道院的土地,从此,他在日本以普度众生的名义活动着。

哈维尔给日本带去智慧,当日本人知道地球是圆的时候,他们的嘴都不自觉地张开了,显然是不敢相信。这位神奇的智者还告诉日本人江河湖海、世界变化等,接下来就是向他们传播上帝的声音了……

一段时间后,哈维尔觉得差不多了,他决定去一趟中国,但是他病了,他握着蜡烛死在离日本和中国都很近的地方。

[日本大名－丰臣秀吉]

西班牙传教士在日本顺利传教的时候,日本大名丰臣秀吉开始征服九州,日本的基督徒受苦受难的日子就开始了。丰臣秀吉将基督徒看作葡萄牙与西班牙对日本殖民的先兆,对其进行"大扫除",赶走西方传教士、颁布禁教令。

第 7 章
西班牙在欧洲的争霸

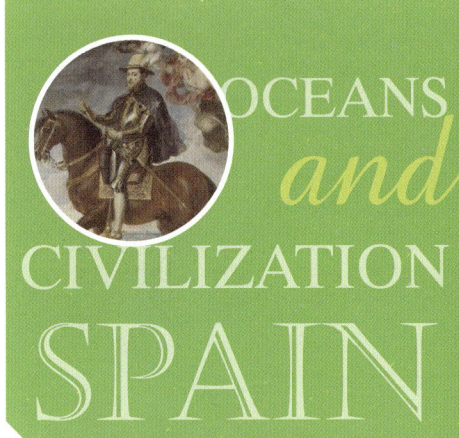

卡斯蒂利亚王位的继承权在卡洛斯一世出生时就存在争议，原因可以追溯到伊莎贝拉一世那里，因为按照法律规定，伊莎贝拉一世女王得位不正，所以她的外孙卡洛斯一世继承的王位也让人觉得是篡位了。但不管怎样，16 世纪刚开始，西班牙的王位属于卡洛斯一世了，谁反对都不能激起太多的水花，卡洛斯一世也没有让人失望，他和他的儿子腓力二世一起让西班牙变成了名副其实的日不落帝国，16 世纪是西班牙的黄金时代。

卡洛斯一世统治下的哈布斯堡王朝

15 世纪末和 16 世纪初，欧洲各大国纷纷崛起，开始进入长期争霸时代，而此时庞大的西班牙帝国成了这一时期的第一个霸主。西班牙的这一霸主地位不仅有海外征服的因素，还有一些偶然的因素，让西班牙这样一个弹丸小国一跃成为欧洲的超级大国。

在当时的欧洲，想让一个国家变得强大少不了要联姻，但是靠联姻来增加自己的领土却很少见，不过幸运的卡洛斯王子却因为联姻得到了更多的土地，让他成了一个超级大国的领导者。

[西班牙教堂内堂上顶]
这是唯一一个 150 年前就开始建造，至今尚未完工的西班牙神圣家族教堂，通过其精美的内堂上顶可以看出，这里申遗成功绝非偶然。

卡洛斯一世的庞大帝国

因为联姻造成两个国家的合并，这几乎成了西欧封建社会的惯例。卡洛斯一世继承的西班牙就是在这样的惯例下造成的。

这场联姻的过程很简单。西班牙双王费尔南多二世和伊莎贝拉一世将他们的女儿"疯女"胡安娜公主嫁给了哈布斯堡王朝马克西米利安一世的儿子，也就是"美男子"腓力一世。后来西班牙双王相继去世，他们留下的王位由自己的外孙，也就是"疯女"胡安娜和腓力一世的儿子卡洛斯王子继承。公元1516年卡洛斯王子继承了西班牙王位，称卡洛斯一世。公元1519年，哈布斯堡王朝的马克西米利安一世去世，他的儿子腓力一世早前就已经去世了，于是哈布斯堡王朝，也就是神圣罗马帝国的皇位出现了空缺，根据继承法，当时能继承

❧ [巴塞罗那的哥伦布纪念碑]

巴塞罗那的哥伦布纪念碑，塑像一手捧书一手指向美洲大陆，碑座下记载着受伊莎贝拉一世女王资助的哥伦布寻找美洲的经历和女王欢迎哥伦布胜利归来的历史事件。

❧ [哈布斯堡王朝标识]

哈布斯堡王朝（亦称哈布斯堡家族）始于公元6世纪，是欧洲历史上最强大的及统治疆域最广的王室，曾统治神圣罗马帝国、西班牙王国、奥地利大公国、奥地利帝国、奥匈帝国。

❖ 在巴塞罗那的哥伦布纪念碑隔一条街的格拉西亚大街上，有一个不和谐的片区，即端庄的阿玛特耶之家和紧靠在一起的柔美的叶奥－莫雷拉之家，还有那梦幻的米拉之家。这三座比邻而居而采用不同风格设计的建筑形成了巨大的反差，竟然还都成为建筑设计的典范。

这个皇位的人有两个，一个是西班牙国王卡洛斯一世，另一个是法国国王弗朗索瓦一世，结果卡洛斯一世赢了弗朗索瓦一世，成为神圣罗马帝国的皇帝，称号为查理五世。

就这样西班牙和神圣罗马帝国在卡洛斯一世这里合并成一个国家，成了欧洲大陆上不可撼动的存在，而这个庞大的帝国的领土除了海外的殖民地之外，在欧洲的领土还包括西班牙本土、意大利南部、神圣罗马帝国、尼德兰和勃艮第。

❖ [神圣罗马帝国皇帝查理五世]

法国的野心促成了卡洛斯一世继承超级大国

前面提到卡洛斯一世打败法国国王弗朗索瓦一世继承了神圣罗马帝国，那么为什么是卡洛斯一世最终得以继位呢？这就要说到法国的野心了。

中国有一句古话叫作"春秋无义战"，这也适用于中世纪西欧的状况。当时法国是欧洲大陆上发展得较快的国家之一，为了让自己更加强大，于是决定对外扩张。

法国刚发展起来就向意大利进军了，开始了长达 60 年的意大利战争，法国入侵意大利的行径让西欧其他国家大为震惊。其实法国之所以入侵意大利，

❖ 随着西班牙在新大陆军事探险的不断开拓，帝国从中获取了极大的经济利益，西班牙王室贵族也不再仅仅希望在未知的领域开拓疆土、传播宗教，他们更希望借助滚滚而来的金币在历来纵横捭阖的欧洲战场上取得自己应有的地位。

❖ 卡洛斯一世继承了庞大的帝国，得到越多，责任也越大，他要保住自己的帝国不被蚕食，又想扩张自己的领土，于是只能不停地打仗。

第 7 章　西班牙在欧洲的争霸

❦ [诺瓦拉之战 – 法国入侵意大利]

公元 1498 年,法国国王查理八世去世,路易十二继承王位。他想继承祖母对米兰拥有的权力,于是与威尼斯、瑞士结盟,发起对意大利的战争。公元 1499 年 9 月 14 日,法军攻陷米兰,米兰公爵斯福尔扎逃往德国。斯福尔扎在德国招募军队后,同年冬天返回意大利。公元 1500 年发生诺瓦拉之战,斯福尔扎的瑞士雇佣军拒绝同法国军队作战,法军不战而胜。

❦ [米兰公国]

米兰公国是中世纪时期意大利北部以米兰为首府的封建公国,受米兰公爵管理。

是因为当时的意大利处于四分五裂状态,法国想利用这种分裂达到扩张的目的,正好当时意大利的米兰公国受到了来自那不勒斯和佛罗伦萨的双重威胁,他们请求法国人的支援。法国的扩张行为,打破了西欧内部的政治平衡,于是西欧其他国家开始联合起来共同反对法国,甚至是教皇也没有站到法国这一边。

公元 1495 年,德国、威尼斯、米兰公国还有教皇组成联盟打败了法国,同时西班牙与哈布斯堡王朝联姻,这预示着西班牙最终有可能会和神圣罗马帝国合并,而法国与意大利的战争,更加催化了西班牙与神圣罗马帝国之间的合并。

扩展阅读　卡洛斯一世一生

卡洛斯一世的祖父母借由十字军东征给了伊斯兰教严厉的教训，此后，伊斯兰教内部发生了翻天覆地的变化，经过多年的发展，之前信仰伊斯兰教的人被称为野蛮人，但如今信奉伊斯兰教的奥斯曼帝国已经是欧洲最先进的国家之一，他们有先进的行政管理方法，军事力量强大，财政收支始终保持平衡，当时欧洲的其他国家都非常认可这一个强国，甚至许多国家想要与它结盟，基督教的教皇对它的态度也很客气。只有西班牙的卡洛斯一世对这个国家抱有不良的想法，他想要打败奥斯曼帝国的皇帝苏莱曼大帝。

突尼斯之战

机会很快就来了，公元1535年，突尼斯苏丹穆莱·哈桑被苏莱曼大帝驱逐，穆莱·哈桑不甘心，派使者千里迢迢地拜见卡洛斯一世，请求他为自己报仇，作为交换，他承诺成为西班牙的永久附庸。

卡洛斯一世等待这个机会太久了，随即聚集了300艘战舰，亲自带领舰队驶向突尼斯海岸。

在迦太基城废墟附近，西班牙的军队与奥斯曼帝国的军队爆发了激烈的战斗，西班牙人战胜了奥斯曼人，并夺取了古莱特，卡洛斯一世帮助穆莱·哈桑重登王位，哈桑也做到了承诺向他俯首称臣，为了表示自己的诚意，还把博纳、比塞大和古莱特送给了卡洛斯一世，被穆斯林关押的两

[奥斯曼帝国苏丹苏莱曼一世]

苏莱曼一世在奥斯曼帝国国内和东方被誉为卡努尼（立法者）。作为一个庞大帝国的舵手，苏莱曼一世亲自开创了社会、教育、税收和刑律等方面的立法改革。他主持编撰的权威法典，奠定了帝国数个世纪的法律制度基础。苏莱曼一世在西方被普遍誉为"大帝"，在伊斯兰发展史上与阿巴斯大帝、阿克巴大帝齐名。

[突尼斯苏丹穆莱·哈桑]

[突尼斯之战]

> 柏柏尔海盗就是历史上的巴巴里海盗，早先是以突厥人和摩尔人组成的海盗组织，他们得到奥斯曼帝国的支持，是拥有严密国家性质的机构，其统治者也自称为帕夏，所以柏柏尔海盗并非仅仅是奥斯曼帝国的私掠舰队，而称其为帝国的半自治省份更为妥当，同时他们也是奥斯曼帝国海军的主要力量之一。

万基督徒也被释放了，卡洛斯一世大获全胜。

讨伐柏柏尔海盗的行动失败了

卡洛斯一世膨胀了，他醉心于胜利中无法自拔。公元 1541 年，他带领战船前往阿尔及利亚海岸，决定去讨伐柏柏尔海盗（伊斯兰教阿拉伯人）。幸运并不会总是眷顾同一个人，海上的情况也总是变化莫测，很不幸的，卡洛斯一世的舰队在海上遇到了暴风雨，损失惨重，但他们还是顽强地在马蒂夫角登陆了，这里离他们的目的地还有 20 千米。环境实在是太恶劣了，连续的暴风雨让他们头晕目眩，然而柏柏尔海盗乘机包围了他们，西班牙人除了撤退没有别的办法，他们撤回到了船上，讨伐柏柏尔海盗的行动失败了。

[柏柏尔海盗首领 - 巴巴罗萨·海雷丁]

让卡洛斯一世以至于后面的西班牙国王恼火的就是这位海盗。他原本不是红胡子，真正大名鼎鼎的红胡子海盗是他哥哥，在他哥哥死后，他继承了其兄长的遗志，把胡子染红，继续跟随海盗船，在海洋上逞凶。

他将政权交给儿子和弟弟

公元 1555 年，在击溃新教诸侯的最后努力失败后，卡洛斯一世开始淡出朝政。由于帝国的领土太过广大和分散，他将政权交给儿子腓力二世和弟弟斐迪南一世后就隐退了，他去了西班牙埃斯特雷马杜拉的尤斯特修道院，他在修道院里忏悔那些在常人看来是小缺点的地方：他对母亲傲慢无礼；他造成了西班牙人民的无辜牺牲；他洗劫了罗马城，他的一生都与虚假、猜疑还有贪吃好色关联着……他为他做过的这些感到难过。

[西班牙埃斯特雷马杜拉的尤斯特修道院]

卡洛斯一世的晚年是在西班牙埃斯特雷马杜拉的尤斯特修道院度过的。

这位国王的一生可以用强大来形容，他有能力得到全世界，当然他差一点就真的得到了全世界，只是代价太大了，在被伊斯兰教打败后他也开始反省自己……他最后的总结："诸位，我非常清楚，我这一生犯过许多重大错误。"在卡洛斯一世去世的那一天，他自己种下的一颗洋葱开花了。

卡洛斯一世的危机：起义的英雄被卡洛斯一世斩首了

卡洛斯一世戴上西班牙王冠之前，他各方面看上去都非常完美，受到了臣民的喜爱。但好景不长，他得到的实在是太多了，西班牙对于他来说不过是一个小小的无足轻重的国家罢了，而且还不到 20 岁的他，就已经没有笑容了，有时候严肃得简直像个小老头。

这个时候人们想到了他的弟弟，也就是阿拉贡国王费尔南多二世的孙子，又有人想到了卡斯蒂利亚真正的主人，也就是卡洛斯一世的母亲"疯女"胡安娜，其实，卡洛斯一世本人没有认真地把自己当作西班牙人，所以他的西班牙朝廷也只是弗拉芒德的小朝廷罢了。

卡洛斯一世不重视他的西班牙，但西班牙人可不允许他这样。这时候出现了一个叫胡安·德·帕迪亚的人，他拿起武器，带着手下救出了"疯女"胡安娜，他跪倒在她的脚下，请求她为了西班牙利益和卡洛斯一世作战，一切都那么虔诚。就这样，胡安娜与西班牙的正规军展开了好几个月的较量，虽然最后起义的英雄被卡洛斯一世斩首了，但他也吸取了教训，他开始研究西班牙的法律并且一直遵守它。

第 7 章　西班牙在欧洲的争霸

海洋与文明　西班牙

腓力二世继承了西班牙王位

公元1558年，卡洛斯一世逝世，他英俊的儿子腓力二世在布鲁塞尔继承了他的王位，腓力二世在继承帝国的同时也继承了他父亲未竟的事业。

腓力二世并没有继承他父亲的全部遗产，帝国有两个继承者，一个是腓力二世，另一个是卡洛斯一世的弟弟斐迪南一世。西班牙归腓力二世，而斐迪南一世得到了神圣罗马帝国原来的领土。

不过，在公元1580年的时候，葡萄牙王位后继无人，腓力二世因为第一个妻子是葡萄牙的女亲王玛丽亚·曼努埃拉，而且他还是曼努埃尔一世的外孙，因此他也有葡萄牙王位的继承权，于是他派阿尔瓦

❉ [骑马的西班牙国王腓力二世]
腓力二世总共继承了下列领地：西班牙、尼德兰、西西里与那不勒斯、弗朗什孔泰、米兰及全部西属美洲和非洲殖民地。

❉ 腓力二世和他的父亲一样，把犹太教徒、穆斯林和新教徒看作是他的敌人，他无时无刻不想消灭他们。

❉ [继承了查理五世神圣罗马帝国势力的斐迪南一世]
查理五世的弟弟斐迪南一世继承了神圣罗马帝国的皇帝称号和有名无实的在德意志的最高地位。公元1531年，斐迪南一世在德意志成为"罗马人民的国王"，使他成为查理五世皇帝的直接继承者。

公爵强行合并了葡萄牙，腓力二世成了西班牙和葡萄牙共同的国王，从此葡萄牙和它的殖民地也变成西班牙的了，帝国的领土又一次扩大，西班牙成了名副其实的世界帝国。

腓力二世的一生充满争议。他刻苦工作，勤奋节约，时间观念强……但是他太执着于宗教问题，他是上帝忠实的仆人，同时又自认为是平民的主人。他的一生都在孤独中度过，他没有朋友，没有真正服从于他的幕僚，尽管有过四位妻子，但他总是假装正经，从来没有好好对待过她们，甚至他的儿子、他的秘书后来都选择了背叛他。

腓力二世维护住了他的帝国，但代价太大，他总是不断地发动战争，有胜利也有失败，而且所有的失败对于他来说都是毁灭性的。他发起的所有战争都是为了天主教，他希望得到胜利，用来在上帝面前表达他的谦卑，这是一个悲剧，因为无论他多么虔诚地信奉上帝，但他却总是被伊斯兰教和新教徒打败，这是多么的心酸啊！

公元1598年9月13日，腓力二世去世，享年70岁，他临死前还在嘶吼并留下了遗言："你们不要对穷人的诉愿感到厌烦。"最后他紧握着大蜡烛，像他的先祖费尔南多二世一样，躺在带耶稣像的十字架上没了呼吸。

西班牙帝国和哈布斯堡王朝随着腓力二世的死亡而没落，西班牙的黄金时代就此终结。

❦ 腓力二世的第二任王后是英格兰女王玛丽一世，她和腓力二世一样，是一位狂热的天主教徒，在位期间对异教徒进行血腥镇压，有"血腥玛丽"的绰号。玛丽一世曾与腓力二世的父亲卡洛斯一世也有婚约，后来取消，而卡洛斯一世从辈分上来说是她的表侄。

❦ [腓力二世的第三任王后伊丽莎白·德·瓦卢瓦]

伊丽莎白（1545—1568年）是凯瑟琳·德·美第奇所生的最漂亮的女儿，性格羞涩内向。公元1559年，法王亨利二世与西班牙国王腓力二世在法国的康布雷签订条约之后，按当时的惯例需要联姻。法国方面便送出了国王最美丽的长女伊丽莎白，西班牙方面本来打算将联姻对象选为王储阿斯图里亚亲王唐·卡洛斯。这两人在年龄和身份方面比较匹配，但由于这位长公主太过于漂亮，于是鳏夫腓力二世决定亲自上阵，端庄的伊丽莎白便成为他的第三任王后。

❦ 玛丽一世死后，腓力二世还曾向他的小姨子英格兰女王伊丽莎白一世求婚，不过被拒绝了。

❈ 在西班牙的土地上，从费尔南多二世和伊莎贝拉一世夫妇以来，就一直有两种人存在：一种是真心的天主教信徒，一种是违背了自己良心的伪天主教信徒，后者主要是莫里斯科人，这些人还偷偷地信奉伊斯兰教的教义，对于这种情况腓力二世当然是不允许的。他对这些狂热的异教徒进行筛选，然后穷追猛打，其中有些异教徒为了逃避追捕，躲进了深山老林，他们与土匪结盟，变成"山贼"，逃亡的人数越来越多。

❈ 伊比利亚半岛上的两个国家，葡萄牙显然没有西班牙幸运，虽然它足够强大，但最终归西班牙所有，成为哈布斯堡王朝的一部分。

葡萄牙会被西班牙吞并要从葡萄牙国王塞巴斯蒂昂一世说起，这位国王登基时才14岁，但年纪不妨碍他萌发扩张领土的野心。公元1578年，他亲自带领军队攻入摩洛哥（三国王之战），年轻的国王失败了，更惨烈的是，他在这次战争中阵亡了，葡萄牙一时群龙无首，葡萄牙接下来该由谁继承？这成了一个问题。

当时拥有继承权的人一共有三位，其中最不具争议的就是腓力二世，他是伊莎贝拉王后的儿子，即原葡萄牙国王曼努埃尔一世的外孙，最终腓力二世也不负众望，成功继任葡萄牙的新国王，从此葡萄牙归哈布斯堡王朝所有，直属于西班牙王国。

❈ [法国国王弗朗索瓦一世]

弗朗索瓦一世（1494年9月12日—1547年3月31日），又称大鼻子弗朗索瓦，即位前称为昂古莱姆，被视为开明的君主、多情的男子和文艺的庇护者，是法国历史上最著名也最受爱戴的国王之一（1515—1547年在位）。在他统治时期，法国繁荣的文化达到了一个高潮。

意大利战争

西班牙与法国的关系很复杂，刚开始主要是关于领土的问题，卡洛斯一世想要建立一个强大的神圣罗马帝国，就必须赶跑意大利境内的法国人。

意大利成为兵家必争之地

当时意大利的富有程度让西班牙和法国都垂涎三尺，不惜动用军事力量来争夺这块肥肉，于是意大利战争爆发了。

意大利战争之所以会爆发，导火索是米兰公国的内部斗争。法国插手了米兰公国的内部矛盾，而米兰历来都是法国、奥地利和西班牙的必争之地，法国的忽然出手让其他两个国家变得不安。

❖ [中世纪的意大利]
上图描绘的是中世纪时的意大利,最左侧的灯塔是利古里亚灯塔。

  公元1515年,弗朗索瓦一世继承了法国的王位,他的野心很快就暴露出来了,同时卡洛斯一世也继承了西班牙王位,卡洛斯一世同样也是一个野心勃勃的君主,但他继位之初的地位并不是很稳固,没有贸然出手。于是在公元1516年,西班牙和法国签订《努瓦永条约》,用来确保两国的稳定关系。但是好景不长,等卡洛斯一世的地位稳固之后,他很快包围了法国,欧洲开始陷入紧张气氛中,而此时法国也成功占领了米兰公国,于是弗朗索瓦一世企图联合英国来共同抗击西班牙的包围,但英国没有来支援法国,此后西班牙与法国战争不断。

❖ 打击异教徒的令书,使得叛乱不断
  腓力二世为了打击异教徒,颁布了一个令书:禁止他们说阿拉伯语,对于自己本民族的活动一律不许参加。比如每周五,各家的大门必须打开,妇女不允许戴面纱。这是一份专门针对莫里斯科人的令书,这自然引起了莫里斯科人的不满,起义活动就自然而然地爆发了。
  在安达卢西亚,莫里斯科人发动了叛乱,当地的总督蒙德哈尔侯爵不敌,腓力二世派他的弟弟唐·胡安平息了这场动乱。按照腓力二世的命令,莫里斯科人的脖子被套上了铁链,后被流放,一路上,叛军领袖的头挂在队伍的前面,有一些人在流放的途中不堪重负,死在了半路上。

❦ [记录帕维亚战役的挂毯]

图中记录的是发生在公元 1525 年的帕维亚战役。通过这场战役,西班牙俘虏了法国国王弗朗索瓦一世。另外,通过公元 1526 年《马德里和约》的签订,西班牙获得了意大利北部。

卡洛斯一世时的西法战争

公元 1521 年,第一次西法战争爆发。公元 1525 年,法国国王弗朗索瓦一世在帕维亚战役中被打败,自己还被俘虏。公元 1526 年,弗朗索瓦一世为了重获自由被迫签订了《马德里和约》,承诺法国从此撤出米兰公国,并将勃艮第公爵领地交给卡洛斯一世,但是他回到法国后就撕毁了这个和约,因为他认为当初之所以会签字是被逼的,所以他不承认《马德里和约》的合法性。

❦ [《康布雷条约》的签订地康布雷]

康布雷是一个法国东北部的城镇,公元 1529 年,神圣罗马帝国皇帝查理五世和法王弗朗索瓦一世在此签订《康布雷条约》。

❦ 《马德里和约》规定:法国将在意大利的领地、佛兰德斯、阿图瓦、图尔奈及法国部分领地割让给查理五世,弗朗索瓦一世并将妹妹许配给查理五世,但他在获释回国后立即宣布和约无效。

❦ [米兰公爵斯福尔扎家族雕刻]

斯福尔扎家族是意大利文艺复兴时期以米兰为中心的统治家族,这个家庭原为富裕的农民,从王朝缔造者、雇佣兵队长穆齐奥·斯福尔扎(1369—1424 年)开始,这一家族改姓为"斯福尔扎",意为"力量",建立并统治了米兰近百年的时间。

公元 1526 年 6 月，西法战争又一次爆发，这一次两个国家并没有真正分出胜负，因为欧洲宗教改革运动的发展太迅猛了，两国不得不暂时停战，去处理自己国家的内政问题。公元 1529 年 6 月，两国签订《康布雷条约》，条约规定卡洛斯一世放弃勃艮第，而法国则放弃对米兰公国的争夺。也是因为这一场战争，卡洛斯一世接下了神圣罗马帝国皇帝的皇冠，西班牙的领土又扩大了。

卡洛斯一世的儿子腓力王子在米兰公爵佛萨死后，接手了米兰公国的管辖权，这让弗朗索瓦一世又开始眼红了，于是公元 1536 年，第三次西法战争爆发。但此时西班牙和法国除了米兰的问题之外，还出现了一个大麻烦，那就是奥斯曼帝国的威胁。公元 1538 年，两国签订《尼扎合约》，双方宣布休战 10 年，先联盟解决奥斯曼帝国的问题。

公元 1542 年，第四次西法战争很快又爆发了，这一次，法国得到了奥斯曼帝国苏丹苏莱曼一世的支持，他们组成了反哈布斯堡王朝的联盟。这一次战争中，双方都损失惨重，而这个时候欧洲宗教改革运动的影响实在

> 勃艮第（拼音：bó gèn dì），西欧历史地区名。位于法国巴黎的南边，有着众多令人神往的古代城堡。

> 勃艮第有被联合国教科文组织列为世界文化遗产的枫德内修道院和韦兹内大教堂，还有曾是中世纪欧洲宗教中心的克吕尼本笃会修道院。它们各具特色：贡扎格公爵的故乡纳韦尔以其意大利陶器而出名；奥塞尔则以它的哥特式大教堂和圣热尔曼本笃会著称于世；奥顿的骄傲是它的高卢罗马史和吉斯勒贝尔蒂建造的大教堂上的三角门楣……是个令人留恋的好去处。

第 7 章 西班牙在欧洲的争霸

[马丁·路德在宣讲宗教改革]

❖ 西班牙"丝毫不厌倦"地投入一场又一场战争，意大利战争中，西班牙出动了3万名战士，养这些战士可都是要花费真金白银的，而这些开支都由西班牙承担。而在这之后的每一场战争，西班牙出动的军队规模没有比这更小的，这意味着在战争中投入的经费也是只能多不会少，特别是到了腓力四世时期，这位皇帝骄傲地宣布，在公元1625年，他所指挥的军队已经达到了30万人。

❖ [法国圣金廷海边灯塔]
圣金廷位于法国巴黎附近，公元1557年，西法之间在此爆发了圣金廷战役。

❖ 腓力二世的野心与他父亲相比毫不逊色。意大利战争结束后，按理来说西班牙与法国的恩怨也应该就此结束，但腓力二世没有这么想，他还是派出了许多军队驻扎在巴黎，想要扩大自己在法国的影响。

太大了，西班牙和法国都觉得战争不能再进行下去了，于是两国签订《克雷皮合约》，两国宣布休战，卡洛斯一世和弗朗索瓦一世争夺意大利的战争终于结束了。

腓力二世上台，意大利战争又爆发

卡洛斯一世在位期间虽然争取到了西班牙与法国之间的短暂和平，但到了腓力二世继承西班牙王位、法国国王变成亨利二世的时候，两个年轻国王之间的较量又展开了。

亨利二世得到了教皇保罗四世的支持，他想要重新夺回意大利的地盘，腓力二世当然不甘示弱，他立即派阿尔瓦公爵率兵前往意大利，甚至一度威胁到了罗马城。

公元1557年，法国和西班牙在圣金廷正面相遇了，战争就此爆发，这场战争由腓力二世亲自督战，法国保住了巴黎，但是丢掉了圣金廷，圣金廷战役以法国的失败而告终。之后两国之间冲突不断，一直到公元1579年4月3日，西班牙与法国签订《卡托-康布雷齐合约》，意大利战争才算真正结束，法国将西班牙的领土还给西班牙，西班牙也不再针对法国，同时双方为了表示诚意，腓力二世迎娶亨利二世的妹妹，西班牙与法国的关系才算真正缓和。同时，教皇保罗四世也被迫接受条约，他不再是法国的支持者。

在意大利战争中，法国的损失比西班牙大得多，意大利再也不是法国能觊觎的地方，但是西班牙也在这场旷日持久的战争中消耗巨大，西班牙称霸欧洲的幻想随之破灭。

西班牙和奥斯曼帝国的紧张关系

卡洛斯一世统治时期，西班牙与奥斯曼帝国发生了多次军事冲突，两个强大的国家在称霸的路上谁也不会让谁，实力才是最重要的。

公元1326年，奥斯曼之子奥尔汗夺取拜占庭帝国在小亚细亚的重镇布尔萨，控制了马尔马拉海峡，并把首都迁到布尔萨，这个新的国家被称为奥斯曼帝国，占有统治地位的突厥人被称作"奥斯曼突厥人"，汉语音译为土耳其人。

保护地中海，遏制奥斯曼帝国的扩张

奥斯曼帝国在14—15世纪的时候在中亚崛起，很快就成了一个地跨亚、欧、非三大洲的强大帝国，欧洲的基督教国家觉得危险差不多要来了，其中西班牙哈布斯

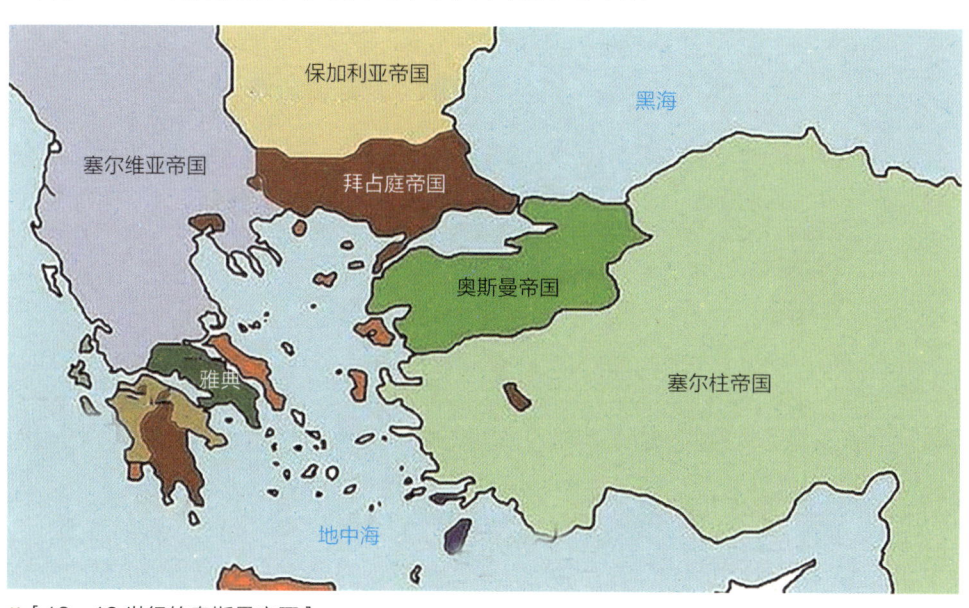

[12—13世纪的奥斯曼帝国]

公元1242年，塞尔柱帝国与蒙古交战屡屡失利。塞尔柱帝国和拜占庭帝国相邻的萨卡利亚河畔的一个突厥人小部落却渔翁得利，乘机发展壮大。公元1299年，该部落首领奥斯曼称爱米尔（伊斯兰教中对一城的地方行政长官的尊称），公元1300年又自称苏丹（意为"尊贵的"，相当于阿拉伯帝国一个省份或者几个省份的最高教政长官，也就相当于在大帝国中的领主）。虽说此时名义上还在塞尔柱帝国统治之下，但事实上帝国已无力控制该地。

堡家族领导的奥地利，更是不知该如何是好。所幸这个时候卡洛斯一世上位了，而他继承的帝国领土中就包括了奥地利，他觉得抗击奥斯曼帝国的侵略责无旁贷，不止想要打败奥斯曼帝国，还想把它赶出欧洲，因为卡洛斯一世当时有一个愿望，那就是在西欧的基督教国家中

❦ 历经两个世纪的斗争，奥斯曼帝国先亡塞尔柱，后灭拜占庭帝国，并于公元 1453 年迁都于原拜占庭帝国的首都君士坦丁堡，将其改名为伊斯坦布尔。

达成一定程度的团结。虽然后来的历史发展告诉我们，他的愿望没有成功，但是这个时候，无论如何也要先把奥斯曼帝国赶出去。

公元 1529 年以后，奥斯曼帝国开始威胁到了地中海沿岸的西班牙和意大利。奥斯曼帝国组建了一支强大的海军抢劫了西班牙和意大利沿海的村庄，然后转向去进

❦ [15—16 世纪的奥斯曼帝国]
16 世纪中期，奥斯曼帝国经过不断扩张侵略，变成一个庞大的帝国。版图囊括了以前存在过的阿拉伯和拜占庭两个帝国的大部分地区，地跨欧、亚、非三大洲。

❦ 公元 1453 年，穆罕默德二世指挥 17 万大军和数百艘战船，大举进攻君士坦丁堡，在一片硝烟弥漫、嘶鸣喊杀中，历时千年之久的拜占庭帝国最终覆灭。

攻突尼斯。这太危险了，奥斯曼帝国想要控制地中海的中部甚至还有西部，他们想要和北非的穆斯林接头，要知道西班牙历史上从古至今都是非常痛恨穆斯林的，卡洛斯一世必须要做点什么了。

于是在公元 1535 年，卡洛斯一世集结全部力量，亲自踏上了突尼斯的土地，与奥斯曼帝国爆发了一场大战。这场战争打得异常艰难，但是庆幸的是西班牙赢了，虽然没有彻底打败奥斯曼帝国，但是卡洛斯一世也终于遏制住了奥斯曼帝国的野心。

❦ 夺取君士坦丁堡是历代伊斯兰统治者的夙愿。穆罕默德二世（1451—1481 年）即位时，拜占庭帝国领土丧失殆尽，财源枯竭，首都君士坦丁堡尽管地势险要，但人口锐减，防务空虚，全部兵力不足万人，已经丧失了抵御奥斯曼人攻击的力量。

法国与奥斯曼帝国组成"邪恶的联盟"

16世纪中期,奥斯曼帝国已经成了一个地跨亚、欧、非三大洲的超级大国,尤其是海军力量相当强劲,这支厉害的海军给西班牙带来了很多麻烦。其实不只是西班牙,欧洲其他沿海国家也经常受到这支海军的骚扰,奥斯曼帝国的野心日益凸显,凭借自己的力量肆无忌惮地干预他国内政。

而此时西班牙的另一个对手法国的日子就没那么好过了。意大利战争中,法国处处被西班牙压制,这让法国感到痛不欲生,于是法国想出了一个阴谋,那就是寻求奥斯曼

> 为了打仗,腓力二世想方设法地弄钱,他在位期间,西班牙的收入确实扩大了好几倍,但这些远远不够。连年的战争,使得支出总是大于收入,不管国王怎么想方设法地扩大自己的财富来源,这都是一个没有办法解决的难题。

❋ [与卡洛斯一世对峙的奥斯曼帝国苏丹塞利姆二世]

塞利姆二世是苏莱曼一世及其妻罗克塞拉娜之子。塞利姆二世登基后,沉迷酒色,因此被称为"酒鬼塞利姆"。

❋ [公元1480年塞浦路斯岛上的法马古斯塔城]

奥斯曼帝国新苏丹上位,根据传统需要靠战争收服众人,于是他便想侵占塞浦路斯岛,但由于该岛当时处于威尼斯统治之下,谈判无效的情况下,奥斯曼人很快占领了塞浦路斯岛东岸的法马古斯塔城,不久整个塞浦路斯岛也被奥斯曼帝国收入囊中。

帝国的帮助，于是法国和奥斯曼帝国达成同盟，两国一起对抗哈布斯堡王朝。

法国与奥斯曼帝国结盟后，哈布斯堡王朝陷入了进退两难的尴尬局面，这个时候西班牙新国王腓力二世登台。腓力二世和他的父亲一样，不满奥斯曼帝国的扩张，他要完成他父亲未完成的事业。公元1565年，奥斯曼帝国进攻马耳他；公元1569年，奥斯曼帝国又突袭了突尼斯；公元1570年，威尼斯也陷入了奥斯曼帝国的威胁中。威尼斯请求教皇，希望能得到西班牙的帮助，在当时似乎也只有西班牙能与奥斯曼帝国一战了。教皇请求腓力二世管管当下的局面，这与腓力二世的想法不谋而合。

[神圣联盟军的旗帜]

[神圣联盟舰队与奥斯曼帝国海军的战斗场面]

腓力二世的动作很快，为了抵抗奥斯曼帝国的海军，他于公元1571年2月与威尼斯、马耳他还有罗马教廷签订协约，成立神圣联盟，并组建一支联合舰队对付奥斯曼帝国的海军，对于这支舰队，西班牙承担近一半的军费开支，主要目标是攻打奥斯曼帝国的本土和它在北非所占领的领土。

勒班陀海战

联合舰队由腓力二世的弟弟奥地利的唐·胡安率领，公元1571年10月，唐·胡安率领联合舰队进入了勒班陀海湾，与奥斯曼帝国的海军碰面，两军对垒，战争一触即发。

❀ 勒班陀海战与公元732年查理·马特击败阿拉伯人的图尔战役并称为保卫天主教的两大战役。

第7章 西班牙在欧洲的争霸

❀ [勒班陀海战中的奥斯曼帝国指挥官阿里·巴夏]

海洋与文明 西班牙 | 165

❈ [勒班陀海上对峙]

❈ [唐·胡安]

腓力二世的弟弟唐·胡安，是指挥勒班陀海战的主帅，他是卡洛斯一世的私生子，拥有卓越的将才，但由于其身份，腓力二世一直觉得胡安有觊觎王位的野心，所以许多方面对他都有限制，也压制了其才华的展示。

与奥斯曼帝国的海军相比，联合舰队的实力处于下风，但幸好唐·胡安是一个优秀的将军，他兵分三路，对奥斯曼帝国的海军形成三面夹击之势，并且亲自登上奥斯曼帝国海军统帅阿里·巴夏的旗舰，杀死了阿里·巴夏，联合舰队在勒班陀海战中取得了大胜，极大地鼓舞了天主教国家的士气，挫败了奥斯曼帝国控制地中海西部的企图。

神圣联盟解体

战争结束了，奥斯曼帝国被打败，联合舰队也没有了存在的意义，于是神圣联盟解体了。之后，利益至上的威尼斯和奥斯曼帝国联姻，这让神圣联盟再也没有了合体的希望，只剩西班牙还在苦苦战斗着。

公元 1573 年 10 月，腓力二世终于收复了突尼斯，但是在勒班陀海战结束后，奥斯曼帝国迅速总结了失败教训，公元 1574 年他们卷土重来，西班牙手上还没有焐热的突尼斯又让人家抢走了。自此，西班牙在北非再也插不上话了。奥斯曼帝国也不敢再来骚扰欧洲大陆了，特别是它对西班牙再也没有构成威胁。

第8章
尼德兰的反抗

欧洲宗教改革运动如火如荼，西班牙新的敌人出现了，那就是马丁·路德，当时的西班牙国王卡洛斯一世尤其痛恨马丁·路德，因为马丁·路德的宗教思想让西班牙没有办法实现宗教的统一，他认为这是马丁·路德的过错，由此他也痛恨所有的新教徒，而尼德兰接受了马丁·路德的宣教，爆发了革命，西班牙自然没办法坐视不理。

低地地区——尼德兰

在中世纪末期的时候，尼德兰是一个地区的概念，包括了今天的荷兰、比利时和卢森堡等，尼德兰是日耳曼语的发音，是低地的意思，顾名思义，尼德兰就是指处在地势低洼地区的王国。

早在14世纪的时候，尼德兰就出现了资本主义萌芽，成了当时欧洲极其富庶的一个地区。到了16世纪，尼德兰的经济发展更是迅速，只是这个时候尼德兰还属于西班牙统治，正因为有了尼德兰给予的"经济支持"，才让西班牙在战争中可以肆无忌惮地挥霍，而西班牙对尼德兰的经济盘剥，让当地人民苦不堪言。

❀ [尼德兰地区的地图]

西班牙统治下的双重盘剥

公元 1516 年,卡洛斯一世接管了西班牙,同时也接管了尼德兰,从这时开始,尼德兰人的痛苦便开始了。卡洛斯一世热衷于对外扩张,他不知疲倦地对欧洲其他国家发动战争,尼德兰作为西班牙的国库,承担起了西班牙的军费开支,西班牙越来越过分,疯狂地对尼德兰人进行征税,这使得社会矛盾进一步激化。

政治上剥夺了尼德兰的自治权

为了加强对尼德兰的统治,卡洛斯一世彻底剥夺了尼德兰的自治权,在那里设立财政院和枢密院,还派了总督去管理各项事务,从此之后,尼德兰人失去了自由。

当时西班牙的国库收入几乎有一半来自尼德兰,卡洛斯一世称尼德兰为他"王冠上一颗璀璨的珍珠"。按理来说,当时的尼德兰应该是一个很有钱的地方,但事实上却并不是这样。特别是在腓力二世上台后,尼德兰完全属于西班牙,尼德兰的经济越来越不如以前,加上腓力二世一再宣布尼德兰破产,拒付国债,这让尼德兰的银行承担了巨大的损失。尼德兰已经这样了,但西班牙国王还是没有放过他们,提高了羊毛出口税,还限制尼德兰的商人进入西班牙的港口,彻底地阻止了尼德兰的商业活动,这一番操作让尼德兰的许多工厂宣布倒闭,失业工人数量在不断扩大。

西班牙在经济上对尼德兰人的过分剥削,引起了尼德兰人的愤怒;在宗教上的迫害,则引起了全社会的反抗。

❉ 狭义的尼德兰指的是当今的荷兰王国,它的本名应该叫尼德兰王国。由于其国内的北荷兰省和南荷兰省的名气最大,以及鹿特丹、海牙、阿姆斯特丹等大城市也都位于这两个省,所以中国翻译工作者在翻译时,就直接用荷兰这个名字指代整个尼德兰王国。

第 8 章 尼德兰的反抗

❉ [西班牙哈布斯堡家族的奠基者马克西米利安一世]
15 世纪时,尼德兰在勃艮第统治者手中曾一度统一,后来勃艮第的玛丽与马克西米利安一世(又译马克西米连一世)联姻,这个地区又归于哈布斯堡王朝治下。

❉ 广义的尼德兰指的是尼德兰地区,也就是现在荷兰、比利时、卢森堡以及法国等地的一部分。这里是阿尔卑斯山以北历史最为动荡的地区。

🌱 尼德兰宗教镇压的血腥敕令

> 🌱 血腥敕令的内容：禁止传抄、保存、散发、买卖路德或卡尔文等改革者的文集。凡散布"异端"学说者，男的杀头，女的活埋。凡异端必须处死并没收财产，而藏匿包庇异端者与异端同罪。

"藏匿包庇异端者与异端同罪"——这个臭名昭著的"血腥敕令"，由马丁·路德的宗教改革浪潮引起，许多尼德兰人成为它的牺牲品。

尼德兰接收到了宗教改革的信号

尼德兰人一直在等一个机会，或者说他们在等一个说"开始"的声音。很快这个声音就出现了，马丁·路

🌱 [《盲人的寓言》-16世纪画家老彼得·勃鲁盖尔所画，现藏于那不勒斯卡波迪蒙特博物馆]
画面中有6个盲人互相扶持着，沿着画面的对角线由左上方向右下方运动，却不知已陷入险境，领头的第一个盲人已跌入壕沟，紧接着的一个被牵动着失去了平衡，等待其他盲人的将是同样的命运。画中体现了画家对尼德兰革命的失望和对人类命运担忧的哲学思考，具有人生和社会的普遍意义。

> 🌱 《盲人的寓言》是画家对人类命运发出的一个警告：一个国家、一个民族决不能由盲人来引路，否则必遭大难。这幅画被誉为16世纪欧洲绘画的巅峰作品之一。

德的宗教改革运动在全欧洲刮起风暴，尼德兰人接收到了这个信号，也参加了对旧封建统治制度的挑战，革命的浪潮扑面而来。为了镇压这一次的宗教改革，卡洛斯一世在公元1550年颁布血腥敕令，全面镇压宗教改革，手段之残忍令人发指，在这个时期，死于这个宗教敕令下的尼德兰人就有10万之多。

终于,尼德兰人民爆发了,他们参加了信仰路德宗的诸侯组建的施马尔卡尔登联盟,开始反抗西班牙的统治,全力支持马丁·路德的宗教改革运动,再加上当时西班牙对外扩张的势头强劲,使得教皇也觉得西班牙即将不可控制,于是教皇决定支持施马尔卡尔登联盟。

公元1552年,西班牙被施马尔卡尔登联盟打败。公元1555年,西班牙国王卡洛斯一世被迫与施马尔卡尔登联盟签订《奥格斯堡合约》,承认了路德宗新教徒的宗教信仰自由权利。

但是西班牙国王并没有撤回他在尼德兰颁布的血腥敕令,尼德兰人民依然生活在水深火热之中。这个问题一直延续到了腓力二世时期。

❖ 施马尔卡尔登联盟于公元1531年2月27日由当时实力最强的两大新教诸侯黑森伯爵菲利普一世和萨克森选帝侯约翰·弗里德里希一世正式建立。其名称来自图林根的城镇施马尔卡尔登。最初它是一个宗教防御联盟,倘若成员国领土受到神圣罗马帝国皇帝查理五世(即卡洛斯一世)的攻击,其他成员国有义务出兵支援。

❖ [破坏圣像运动]

由于血腥敕令的关系,数万名愤怒的尼德兰群众,冲向各个天主教堂和修道院,掀倒圣母像,捣毁了教堂内部,大规模的"破坏圣像运动"爆发了。由此揭开了尼德兰革命的序幕。

❖ [西班牙血腥镇压下的尼德兰]

西班牙对尼德兰起义者进行了血腥镇压,并且制订了更为严苛的税法。有钱的尼德兰人纷纷逃往外国,尼德兰人民组建"乞丐军",从海上、陆地同时积极地展开了对西班牙的游击战。

❖ 血腥敕令从卡洛斯一世开始延续到腓力二世时期,血腥敕令对异教徒的处理方式是男的杀头,女的活埋,于是所有人都处于警备状态,因为不知道什么时候刽子手就会站在自己身边了。

腓力二世继续镇压尼德兰运动

腓力二世上台后，着手处理卡洛斯一世留给他的尼德兰问题，他延续了卡洛斯一世的政策，加重了对尼德兰的剥削，增加赋税，利用宗教法庭迫害新教徒，甚至还动用了武力。

公元1566年4月，尼德兰的大贵族威廉·奥兰治、厄格蒙特伯爵和荷恩大将穿着乞丐服，系着乞食袋，代表尼德兰的贵族同盟向西班牙驻尼德兰总督玛格丽特女公爵请愿，希望西班牙废除血腥敕令，取消宗教法庭，允许宗教信仰自由等。

但是玛格丽特女公爵拒绝了，还给了新教徒们一个外号"乞丐"。不在沉默中爆发，就在沉默中死亡，尼德兰人民选择爆发。他们烧毁了教堂和修道院，抢劫教会财产，局面越来越不受控制。公元1567年8月，腓力二世派阿尔瓦公爵前往尼德兰镇压新教运动。他们成立了"除暴法庭"，开始对新教徒们进行残酷的镇压，被

❋ 面对尼德兰游击队的反击，公元1567年新任西班牙总督阿尔瓦公爵带18 000人的军队进驻尼德兰，对起义者进行血腥镇压，被处死者达8000人之多，威廉亲王被迫逃亡国外，阿尔瓦公爵还加强了经济掠夺，于公元1571年颁布新课税令，规定财产税为1%，土地买卖税为5%，商品交易税为109%，新税法使尼德兰经济陷入绝境，工商业纷纷破产倒闭。

❋ [恐怖气氛下的尼德兰]

处死的起义者达 8000 多人，厄格蒙特伯爵、荷恩大将都被处死。阿尔瓦公爵还制定新的税制，一切动产和不动产都要征收财产税，所有的商品都要征收交易税，企图从经济上扼杀尼德兰革命。他恶狠狠地说："宁留一个贫穷的尼德兰给上帝，也不留一个富裕的尼德兰给魔鬼。"

为了反抗，尼德兰人民不惜水淹莱登城

尼德兰人民为了自由，开始寻求国外的帮助，很快就得到了英国新教徒的支持，尼德兰的局面开始扭转。

尼德兰人民积极地展开了游击战，在北方，渔民、水手和码头工人组成了一支支称为"海上乞丐"的游击队。他们驾着轻便小船，沿海岸游弋，出其不意地袭击西班牙运输船。在南方，阿尔瓦公爵的日子也不好过。尼德兰人民在密林中组成"森林乞丐"游击队，不断袭击小股西班牙军，惩罚西班牙人的爪牙，打得阿尔瓦公爵晕头转向。

[西班牙尼德兰总督阿尔瓦公爵]

阿尔瓦（1507—1582 年）于公元 1567 年受腓力二世之命任尼德兰总督。他在这里设立宗教法庭，残杀数千人，并强征重税，激起尼德兰人民的反抗。

[16 世纪的莱登城]

❦ [被围困的莱登城]

❦ 作为一个海上强国，西班牙花费在海军方面的资金是巨大的。特别是海盗的威胁和其他海上强国的虎视眈眈，西班牙为了解决这些麻烦，建造了无敌舰队。在无敌舰队之前，由于大西洋上的贸易往来，还建造了不少商船，这些商船最后也被征用，变成军舰，但是由于后来无敌舰队的覆灭，使得之前的努力付诸东流，但是钱却花出去了。

❦ [16世纪的布鲁塞尔城地图]

布鲁塞尔是如今比利时的首都，也是欧盟主要行政机构所在地。它位于塞纳河畔，在15世纪时是勃艮第公国行政中心之一。布鲁塞尔起义是尼德兰革命期间发动的一次起义。这次行动得到了平民的支持，起义军占领了国务委员会大厦，逮捕国务委员会成员，推翻了西班牙在布鲁塞尔的统治，由此推动了尼德兰南方各省反对西班牙的斗争。

为了解除西班牙军队在尼德兰的困局，腓力二世调来了路易斯·列揆生接替阿尔瓦公爵。公元1574年5月，路易斯·列揆生率大军包围了北方荷兰省的海滨城市莱登，莱登人民坚持抵抗了3个月。莱登临海且地势低洼，比海平面还要低，是名副其实的低地地区，莱登人民利用这种天然优势，突然打开水闸，海水源源不断地向城外涌去，城外的西班牙军队很快就被海水包围，一时间，西班牙军队只能狼狈撤逃。

此战后，不仅尼德兰北方解围了，尼德兰南方各省也受到了鼓舞，热情高涨。公元1576年，西班牙又派了一名新的总督来到尼德兰荷兰省，但是尼德兰的局面更加混乱了。9月4日，尼德兰的布鲁塞尔爆发起义，推翻了西班牙在尼德兰的总督府。从此

❧ [莱登城被解救之后]

尼德兰北方的革命任务暂时告一段落，而南方还在战斗当中。

尼德兰各省恢复自治权：南方妥协了，北方成立了荷兰共和国

公元 1576 年 10 月，尼德兰南北各省代表在根特城签订了《根特协定》，恢复尼德兰各省的自治权，同时南北达成一致，联合起来赶走西班牙统治者。

接下来的时间里尼德兰人民不断发起起义，期间也与西班牙当局不断地谈判，互相妥协。

公元 1579 年，尼德兰南方的封建贵族妥协了，因为革命闹得太大了，影响到他们的利益，他们组成了阿拉斯联盟，承认西班牙腓力二世的统治地位。

阿拉斯联盟的这一行为让北方各省大为恼火，于是北方各省成立了乌特勒支联盟，用来抗击南方的阿拉斯联盟。第二年，乌特勒支联盟宣布在北方成立荷兰共和国，从此，尼德兰的地域问题就明晰了，北方各省形成独立的国家，南方却依然处在西班牙统治之下。

荷兰共和国就这样说成立就成立了？腓力二世当然不会允许这种情况发生，但腓力二世此时也控制不住局面了。

❧ [荷兰共和国首任执政威廉·奥兰治]

威廉·奥兰治全名威廉·范·奥兰治，是尼德兰地区著名的爱国贵族。曾任西班牙国王卡洛斯一世的秘书，后担任代理西班牙国王腓力二世统治荷兰、泽兰、乌特勒支三省的执政。公元 1565 年成为反对西班牙统治的"贵族同盟"核心成员。公元 1572 年，荷兰北方省将其选为总督，公元 1581 年，荷兰成立共和国，威廉·奥兰治成为首任执政，被誉为"荷兰国父"。

❦ 腓力三世上台的时候，面临的最大的问题是债务问题，腓力二世给他留下了1亿金币的债务，这意味着此后西班牙收入的2/3都要用来还债。但是尼德兰战争还没有结束，还债需要钱，打仗也需要钱，腓力三世也只能宣布银行破产。好不容易，尼德兰战争结束了，但是腓力三世还是不能放松，贷款、海洋贸易、军备竞赛等都让他焦头烂额。

❦ 无法压制的尼兰德革命使得西班牙政府无所不用其极，公元1582年3月，威廉·奥兰治受到枪击刺杀；公元1584年7月10日，他又被潜入家中的西班牙刺客热拉尔连击三枪而逝世，葬于德尔夫特。

荷兰的独立

尼德兰的起义军得到了英国的支持，这让腓力二世大为不满，再加上西班牙本来就与英国存在诸多矛盾，西班牙发现镇压尼德兰革命的关键在于打败英国。

公元1588年，西班牙派出了无敌舰队去讨伐英国，但这支舰队被打败了，从此西班牙失去了海上的优势。

公元1598年，腓力二世去世，他的继承人腓力三世接手了父亲留下来的各种问题，加之西班牙连年征战，要处理的问题实在是太多了，他急于休战，特别是荷兰的问题不能再拖下去了。于是在公元1609年4月9日，在英国和法国的见证下，西班牙和荷兰签订了《十二年休战》协定，这个协定的签订意味着西班牙终于承认了荷兰的独立。

但是事情远没有结束，12年的时间给了荷兰喘息的机会，12年后战争又起，而这个时候欧洲爆发了"三十年战争"，西班牙又卷进来了，这场战争的结束才标志着西班牙与荷兰近80年的纠缠终于结束，荷兰这个时候才真正实现独立，从此走向了称霸海洋的道路。

❦ [刺杀威廉·奥兰治-板画]

第 9 章
西班牙帝国的衰落

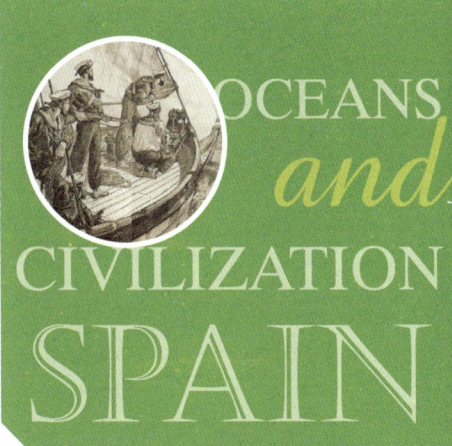

尼德兰革命让西班牙焦头烂额,与英国的交战不利更是让西班牙失去了海上优势,再加上葡萄牙脱离西班牙重新独立,一连串的打击使西班牙这个世界上第一个日不落帝国不可避免地走向了衰落,这一切发生得太快,甚至连一个世纪都不到。

西英关系

15—16 世纪的世界是西班牙和葡萄牙的,当时这两个国家的强大几乎得到了西欧所有国家的公认,但这其中并不包括英国,因为英国也准备向外扩张了,这意味着英国与伊比利亚半岛上两个国家的冲突将无法避免,特别与实力更加强盛的西班牙的冲突迅速激化。

英国女王伊丽莎白一世

伊丽莎白一世无疑是一位开明并且勤奋的女王,在她统治英国期间,英国国内各阶级关系都很和谐,并且英国人民也都认可他们的女王的统治。

伊丽莎白一世统治期间,英国已经出现了资本主义萌芽,她顺应了时代的潮流,推行重商主义,同时还大力发展航海事业,商业加上航海事业的发展,让英国扩张的野心渐渐凸显。英国海盗在海上

[伊丽莎白一世]

[西班牙无敌舰队]

西班牙无敌舰队是一支约有150艘以上的大战舰、3000余门大炮、数以万计士兵的强大海上舰队,最盛时舰队有千余艘舰船。这支舰队横行于地中海和大西洋,骄傲地自称为"无敌舰队"。

公元1588年夏天,英国舰队大败西班牙无敌舰队,与公元前480年萨拉米斯海战、公元1805年特拉法尔加海战,以及1916年日德兰海战一起,被史学家称为世界历史上著名的四大海战之一。

[英方海盗将军德雷克]

公元1581年,伊丽莎白一世亲自登船赐弗朗西斯·德雷克皇家爵士头衔。公元1588年德雷克成为海军中将,在军旅中曾击败西班牙无敌舰队。德雷克被封为英格兰勋爵,登上海盗史上的巅峰。

的活动日益猖獗,他们开始在美洲进行扩张和掠夺,西班牙的殖民垄断地位受到了威胁。

英国靠海盗掠夺发家

说英国靠海盗掠夺发家其实并不过分,英国大海盗约翰·霍金斯和德雷克在欧洲、美洲和非洲之间来往频繁。

西班牙的财富太让人眼红了,于是这些海盗盯上了来自西班牙的船,他们坚信这些船上有他们梦寐以求的黄金。伊丽莎白一世女王对这些海盗的活动采取默许的态度,她甚至还入股海盗活动。后来,英国开始承认这些海盗活动的合法性,给他们颁发私掠证,与西班牙争夺海外贸易权。

西班牙对英国的不满由来已久,伊丽莎白一世之前,英国国王是

她同父异母的姐姐玛丽一世，玛丽一世是腓力二世的第二任妻子，两人都是虔诚的天主教徒，不择手段地打击异教徒，玛丽一世因此还有个"血腥玛丽"的称号，那时候两国关系还是相当好的，在圣康坦战役的时候，两国还共同出兵打败了法国。等到玛丽一世去世，伊丽莎白一世上台，两国的关系就不太好了。首先伊丽莎白一世是个新教徒，而西班牙从卡洛斯一世到腓力二世，对当时的宗教改革运动深恶痛绝，对新教徒采取残酷镇压的手段；其次，伊丽莎白一世上台后，腓力二世曾向她求婚，但被她委婉地拒绝了，这也让腓力二世很不爽，他就想把伊丽莎白一世赶下台，扶持伊丽莎白一世的侄女、当时的苏格兰女王玛丽·斯图亚特取代伊丽莎白一世，没想到玛丽·斯图亚特被伊丽莎白一世囚禁了起来，后来还被她处决了。

在有这么多恩怨的前提下，再加上伊丽莎白一世野心勃勃，纵容海盗攻击西班牙的商船和海外殖民地，想要和西班牙争夺海外贸易权，腓力二世就决定对英国动武了，发誓要入侵英国，并用一名天主教国王取代伊丽莎白一世。腓力二世动用了他的"无敌舰队"，英国也为了保住自己的领土全力应战。

无敌舰队的覆灭

腓力二世的远征计划得到了教皇西克斯图斯五世的支持，他允许腓力二世征缴远征税。如果他们能到达英国本土，他还将对西班牙军队进一步补贴。自信满满的腓力二世准备在公元 1586 年就向英国宣战，但是由于命令下得太过突然，无敌舰队在匆忙中没有准备好，于是推迟到了公元 1588 年 5 月 10 日，由 130 艘战舰、8000 名士兵和 1.8 万名水手组成的无敌舰队出发了。

无敌舰队在公爵阿方索·佩雷斯·古斯曼的领导下，从里斯本出发，计划先去往加莱，与佛兰德斯的西班牙军队汇合。

> 公元 1553 年 7 月，玛丽在同父异母弟弟爱德华六世因肺病去世后，在英格兰枢密院的支持下发动政变，囚禁了爱德华任命的继承人简·格蕾郡主，后者在位仅仅 13 天，是英国历史上首位被废黜的女王，并于 1554 年 2 月 12 日在伦敦塔内被秘密处死，时年 16 岁。玛丽在 1553 年 10 月 1 日正式加冕为英格兰女王，即玛丽一世。1554 年 7 月 23 日，她与腓力（后来的腓力二世）首次见面，两天后两人就举行了婚礼，腓力王子得到了"英格兰国王"的称号。

> 由于英国女王的外交游说，大部分无敌舰队途经的港口没有及时对无敌舰队进行补给及帮助，致使无敌舰队处于孤立无援的状态，无法得到充分的修整及补救，很多士兵病死，险情环生。

第 9 章　西班牙帝国的衰落

[西班牙无敌舰队指挥官阿方索·佩雷斯·古斯曼雕像]

因为西班牙推迟了无敌舰队的出发时间,英国方面早做好了万全的准备,英国由海军上将霍华德统领舰队,海盗德雷克和霍金斯也参与了舰队的指挥。

8月6日晚上,趁无敌舰队不备,英国海军上将霍华德指挥8艘火船突然冲向了航行在英吉利海峡的无敌舰队。西班牙方完全没有反应过来,无敌舰队还没有开始发挥它的作用就受到了重创,英国人的突击使得无敌舰队好几艘战舰沉没。阿方索公爵更是不知所措,落荒而逃。无敌舰队被逼得向北逃窜,途中又遇到了风浪,让无敌舰队损失惨重。无敌舰队只有65艘船返回了西班牙。幸存者中的大多数人都患上了严重的坏血病和营养不良,很多人在踏上西班牙陆地后不久便一病不起。

英国在这场海战中可以说是取得了完胜,让西班牙的无敌舰队丢尽了脸面。最重要的是,无敌舰队的失败被视为上帝支持英国新教改革的一个标志,让宗教改革运动大受鼓舞,这对腓力二世是一个沉重的打击。

[公元1591年无敌舰队参与的弗洛雷斯之战]

西班牙无敌舰队的溃败，并不意味着西班牙和英国的海上冲突就此消停，也不意味着英国海军力量就超过西班牙了，因为英国第二年也组织了类似的大规模远征行动，即科伦纳·里斯本远征，也惨遭失败。但不可否认的是西班牙从此失去了海上优势，而英国在此后的300年里逐渐成了新的海上霸主。

西班牙无敌舰队的舰船

16世纪时，西班牙的无敌舰队是当时最著名的舰队，其规模之大、配备之精良、海战经验之丰富，都是其他国家的舰队望尘莫及的，无敌舰队曾帮助西班牙帝国称霸海洋。无敌舰队最巅峰时约有150艘以上大战舰、3000门大炮和数万士兵，其总排水量超过现在美军的单支航母舰队的编制。

※ 英军虽然击败了无敌舰队，但其实当时的英国仅仅是欧洲的二流国家，至少在17世纪中叶之前，真正的海上强权是西班牙和荷兰。

战斗力最强的盖伦船

无敌舰队中最具有战斗力的就是盖伦船，这种船是大西洋海域的标准战船。在船艏和船艉之间设有两层甲板，将主火炮安装在侧舷，并在前后船塔上安装轻型整射火炮，虽然以日后的标准来看，这时的战船过于短粗和高耸，但是比起其他同时代的其他船只，当时盖轮船已然更加狭长、低平了。

[《圣经》中的盖伦船（18世纪）]

武装商船——卡拉克帆船

在无敌舰队战斗时,后面还有为其提供服务的武装商船船队。这些武装商船重达 300 吨以上,携带长重炮和半加农炮,为战斗增加火力。这种船是地中海商队中常用的卡拉克帆船,拥有巍峨的悬伸艏楼、艉楼和深深的货仓,甲板有两层或三层,其中设有三层甲板的通常会用来运输体积大的货物,比如黄油桶等。

> ❖ 西班牙无敌舰队惨败的原因之一:无敌舰队的最大领导是西班牙国王,不管舰队的指挥官或者战士,都只是在为国家工作。而英方舰队则不然,他们是由一群被英国女王授权的海盗,他们是为自己在拼杀,他们只有赢了才有机会,否则就会一无所有。

> ❖ 西班牙无敌舰队前往英吉利海峡时,由于天公不作美,舰队刚出发,就在大西洋上遭遇风暴,被逼无奈之下只得返港避风,龟缩了 2 个月之后,无敌舰队再次驶向英吉利海峡。军事家认为,无敌舰队之所以被英国海军打败,海上风暴造成了西班牙无敌舰队士气大落也是原因之一。

❖ [卡拉克帆船模型]

灵活便捷的小型轻帆船

西班牙无敌舰队也并非都是大型舰船,无敌舰队还配备有小型轻帆船。小型轻帆船体型小,行动速度快,因其特殊性,这类船只往往会用来侦察勘测、派遣调试和近岸作业。另外,小型轻帆船还能有效打击特殊目标,比如对小股敌舰或者海盗进行打击,或者众多的小型轻帆船围捕逃匿的敌舰等。

当时海洋各国最为常见的战舰

除了以上所说的几种船，无敌舰队里还有大量当时海洋各国常见的船只，如加莱桨帆船和加莱赛战船，这是当时各个海洋国家普遍都会配备的战舰，这种船除了有桨帆船的特点，船身狭长，还具备盖伦船底稳的优点，是当时一种颇令人畏惧的战舰。

❦ [16 世纪的船载火炮 - 油画]

16 世纪的火炮比当时的船只类型还要复杂，有前膛装填，以摧毁船只为主要目标的重型火炮；有后膛装填，主要任务是击杀船员的小型火炮（这种火炮可以分为波特炮、加农炮和半加农炮）；有以长炮著称的臼炮；还有兼顾距离和打击面的长重炮。

❦ [19 世纪伦敦画报中的小型轻帆船]

❦ 西班牙无敌舰队与英国开战还有另外一个原因，即西班牙国王腓力二世支持苏格兰女王玛丽·斯图亚特取代英国女王伊丽莎白一世的王位，结果玛丽被伊丽莎白一世处死，恼羞成怒的腓力二世于是派出了无敌舰队企图打败英国。

风雨飘摇的西班牙帝国

公元1598年，腓力三世继承了父亲腓力二世的王位，这是一个庞大的帝国，版图包括那不勒斯、西西里、米兰、弗朗什孔泰、阿图瓦、佛兰德斯还有葡萄牙，当然还有大洋彼岸的西印度帝国。从他开始，西班牙帝国从巅峰缓缓衰落。

腓力三世是个倔强、虔诚的天主教徒，他和他的父亲一样执念太深了。他继承了他父亲清除异教徒的政策，西班牙境内最后的莫里斯科人被他驱逐，这一极端的举动赶走了大约20万人。

腓力三世的政策使得国内叛乱不断，国外势力纷纷而至，把西班牙弄得千疮百孔，海洋帝国的宝座也不复存在。腓力三世缺乏管理他父亲留下来的巨大遗产的才智，在治国方面表现庸碌。公元1621年3月31日，腓力三世在马德里去世，把一个外强中干的西班牙帝国留给了他的继承人腓力四世。

> 腓力二世曾无限悲伤地叹息："上帝赐给我那么多王国，但却拒绝给我一个有能力的儿子来治理这些国家！"他甚至还预言腓力三世的一生必将被宫廷宠臣控制。这些预言可悲地一一兑现了。腓力三世不理朝政，虚度年华，喜欢打猎、跳舞和歌剧，整日沉浸在歌舞、宴会、斗牛的闹剧之中，把一切大权都交给了他最宠爱的大臣莱尔马公爵，甚至让他替自己掌管国王的印章。

❀ [西班牙国王腓力三世]

腓力三世是西班牙哈布斯堡王朝的第三位国王，在葡萄牙是哈布斯堡家族的第二位国王。他缺乏管理大国的能力，一生纵情享受，而把国家大权交给了他最宠爱的大臣莱尔马公爵。这位莱尔马公爵死后，他的儿子又成为腓力三世的宠臣。

首相奥利瓦雷斯

腓力四世是个有野心的国王,甚至到了贪婪的地步。他在任期间,西班牙帝国的领土仍有扩大,但国力已经继续走向衰落。从公元1623年开始,西班牙独占美洲的局面被打破,巴西部分地区、圣基茨、牙买加等地都被侵占。

腓力四世亲自组织兵力艰苦地四处征战,他挑选了他的好朋友奥利瓦雷斯伯公爵加斯帕尔·德·古斯曼作为西班牙首相,管理国家,这是腓力四世犯下的最大错误。奥利瓦雷斯伯公爵采取的政策,使得权力集中在国王和大臣手中,是之后造成加泰罗尼亚和葡萄牙暴乱的主要原因。

此时西班牙的老对手法国因黎塞留的思想,想要恢复法国历代君主的传统政策,收复法国的疆土,这个疆土范围包括了归属于西班牙的阿图瓦、佛兰德斯、弗朗什孔泰、阿尔萨斯和鲁西荣,然而时任西班牙首相的奥利瓦雷斯伯公爵,却没有及时采取任何措施,使得法国的野心不断扩大,直到法西大战爆发。

法西大战初期,法国人并未获得什么好处,不过西班牙国内因为无法忍受奥利瓦雷斯伯公爵政策的压迫,加泰罗尼亚人开始暴乱,法国人一边和西班牙军队作战,一边乘机支持西班牙国内的叛乱,使得西

◆ [西班牙国王腓力四世]

腓力四世上位时,西班牙的国情不太乐观,但是还没有虚弱到极致。当时整个欧洲都在与哈布斯堡王朝作对,连年战争,经济衰退,国库空虚,让这位想有一番作为的国王也只能无奈地承认荷兰的独立。

◆ [奥利瓦雷斯伯公爵加斯帕尔·德·古斯曼]

加斯帕尔·德·古斯曼在公元1621—1643年间担任西班牙首相,权倾朝野,力主改革,但同时也招致民怨沸腾。他使西班牙卷入"三十年战争",导致西班牙财政几乎崩溃,他的征税政策导致国内叛乱不断。公元1643年,他被罢官,两年后死于精神错乱。

> 奥利瓦雷斯伯公爵首先从自己家族中继承了伯爵头衔，后来西班牙国王腓力四世又封他为桑吕卡尔公爵；根据西班牙的习惯做法，他请求国王保留他的原有爵位，并将之和新的爵位结合在一起，于是就有了"伯公爵"这样的头衔。

三十年战争

公元1618—1648年，欧洲爆发了一场著名的国际战争，也就是"三十年战争"，主战场在德国，当时几乎全部的欧洲国家都卷了进来。这场战争爆发的根本原因还是宗教问题，宗教改革派和旧教派之间吵得面红耳赤。1618年，捷克人民首先拿起武器，三十年战争正式开始。只是后来这场战争慢慢忘记了它的"初心"，渐渐变成了帝国扩张的借口。刚开始，西班牙并没有直接加入这场纷争，一直到公元1625年，因为西班牙占领了巴拉丁，直接给法国和荷兰带来了威胁，于是法国和荷兰联合丹麦一起组成了反对哈布斯堡王朝的同盟，西班牙这才开始正式卷入进来。

班牙不得不花费大量的精力去解决麻烦。

最后，西班牙割让了部分领地给法国，才勉强保住了加泰罗尼亚。奥利瓦雷斯伯公爵也因此被罢官，两年后死于精神错乱。

接二连三的挫败，西班牙帝国开始崩溃

西班牙解决了加泰罗尼亚人的暴动后，腓力四世非常恼火法国人利用西班牙的内部矛盾，于是指挥同盟军向法国进军。西班牙的同盟军叫作哈布斯堡王朝同盟，由西班牙和奥地利组成，并得到罗马教皇和德意志天主教诸侯以及波兰、立陶宛王国的支持。

[三十年战争－油画]

三十年战争从神圣罗马帝国的内战开始，以哈布斯堡王朝战败并签订《威斯特伐利亚和约》而宣告结束。中间共持续了30年时间，是历史上第一次全欧洲的大战。

公元 1636—1637 年，西班牙出兵法国，与神圣罗马帝国由南北两路夹攻，并且一度进逼至法国首都巴黎，但最后为法军所败。

接下来，法国乘胜开始向西班牙进军，局面比想象中的更严峻，因为此时葡萄牙和加泰罗尼亚爆发了大规模的起义运动，西班牙不光要应付法军，还要应付国内的起义，更加显得被动了。

公元 1638 年 8 月，法国海军打败了举世闻名的西班牙海军。公元 1639 年 10 月，西班牙海军的主力更被荷兰海军歼灭。

❄ 在三十年战争中，西班牙投入了大量的军队，美洲的黄金产量也因为缺少管理，一年比一年少，大洋上的海盗也抢劫了不少西班牙的商船，公元 1640 年，葡萄牙又宣布独立了……发生太多事了，这些事也表明，西班牙的衰退已经是一个不争的事实了。

❄ 法国利用反哈布斯堡王朝同盟与西班牙对抗，这个同盟由法国、瑞典、丹麦、联合省共和国（荷兰）以及英国和俄国组成，并得到德意志新教诸侯和波希米亚、特兰西瓦尼亚、意大利的反哈布斯堡王朝运动的支持。

第 9 章　西班牙帝国的衰落

❄ [三十年战争之"掷出窗外事件"]

波希米亚于公元 1526 年并入神圣罗马帝国，自那时起，波希米亚国王由神圣罗马帝国皇帝兼任。之后在公元 1617 年耶稣会教士进入波希米亚，意图在波希米亚复兴天主教。但由于当时天主教一些过激的做法，以及对波希米亚教徒的迫害，于是在公元 1618 年 5 月 23 日，波希米亚首都布拉格的新教徒发动起义，冲进王宫，将神圣罗马帝国皇帝的两名钦差从窗口投入壕沟并成立临时政府，临时政府由 30 位成员组成，宣布波希米亚独立。

西班牙精锐陆军部队被法国歼灭

西班牙连连挫败，使得腓力四世没有了耐心，公元1643年5月，西班牙的德梅洛将军率领2.7万哈布斯堡王朝同盟军士兵，由西属尼德兰向法国巴黎进军，中途围攻罗克鲁瓦要塞。

获知罗克鲁瓦被西班牙军围攻，法国国王路易二世·德·波旁（后来的大孔代）率军（近2.3万人，12门火炮）迅速赶来解围，抵近罗克鲁瓦，并将围困罗克鲁瓦的西班牙精锐陆军部队团团围住，在法国骑兵和罗克鲁瓦要塞的前后夹击下，西班牙主力军团被全歼，主帅德梅洛阵亡。剩下的西班牙官兵见主力军被全歼，纷纷扑倒在路易二世脚下，寻求庇护，以免死于胜利的法国士兵的狂怒之下。

[路易二世·德·波旁]

路易二世·德·波旁是法国波旁王朝的贵族，法国著名的军事家和政治家，承袭孔代亲王爵位和昂基安公爵爵位，是孔代家族最著名的代表人物。他是17世纪欧洲最杰出的统帅之一。

此战是三十年战争中的一次著名战役，西班牙从此开始走向衰落。

西班牙黄金时代结束

此后，西班牙的加泰罗尼亚动乱依旧频发，葡萄牙也摆脱了西班牙的控制，法国又与奥地利联姻，奥地利一直是西班牙哈布斯堡王朝的同盟者，如今和法国联姻，使西班牙失去了帮手。整个欧洲几乎都在和哈布斯堡家族作对，西班牙终于崩溃了。这种情势下只能和法国人谈判，于是在公元1648年签订了《威斯特伐利亚和约》，欧洲三十年战争正式宣告结束，西班牙将塞尔达尼亚、鲁西荣、阿图瓦的一部分还有佛兰德斯的一

[《威斯特伐利亚和约》的签订]

第9章 西班牙帝国的衰落

些城市割让给法国，法国国王路易十四迎娶西班牙公主玛利亚·特蕾萨为妻。

腓力四世曾说过这样一句狂妄无比的话："一切都是我的！"然而在他统治时期，西班牙的陆地优势丧失、西班牙独占美洲的局面被打破、欧洲属地被割让、菲律宾只能处于守势，他应该为西班牙帝国的衰落负责。公元1665年，腓力四世因阑尾炎在马德里逝世。

[哈布斯堡王朝最后一位国王卡洛斯二世]

卡洛斯二世的父母由于是近亲结婚的缘故，导致他身患多种遗传病以及智障和癫痫，体质虚弱得随时可能死亡。但是由于他的4位兄长都已去世，西班牙的王位最后只能落到他的手中。

❧ 卡洛斯二世没有为他的王朝生下继承人，但是他的两个妹妹分别嫁给了法国国王和德国皇帝，因此这两个国家都想得到庞大的西班牙帝国，王位继承战争一触即发。

❧ 法国国王路易十四的孙子安茹公爵得到了继承权，这让英国、罗马和荷兰都大为不满，战争随之爆发。这场继承战争以法国的失败而告终，虽然最终安茹公爵还是得到了西班牙，但是他也做出了极大的让步，这个时候，西班牙在欧洲大陆上的领土几乎只剩下本土了。

❧ [安茹公爵腓力五世]
因西班牙国王卡洛斯二世去世时无子女，所以西班牙王位由安茹公爵也就是腓力五世继承。他是西班牙波旁王朝首位君主，或许由于血脉过于远了，在他之后，也由于继承问题而引发了战争。

腓力四世的继承人卡洛斯二世是他和他表妹结合后的产物，继位时只有4岁。卡洛斯二世从出生开始就有严重的遗传病，最后他没有生出王位继承人，他指定王位继承人为安茹公爵。至此，从卡洛斯一世开始的西班牙黄金时代终于结束了。

❧ 葡萄牙脱离西班牙

葡萄牙因为一场婚姻被西班牙统治，就算没有西班牙，葡萄牙的海外实力也不容小觑。公元1635年，荷兰人来到葡萄牙的殖民地巴西，巴西的资源几乎全部落入了荷兰人的手中。葡萄牙希望得到西班牙的支持，但西班牙却置身事外，这让葡萄牙大为失望。于是葡萄牙希望摆脱西班牙的控制，彻底获得独立。同时西班牙的加泰罗尼亚革命也给了葡萄牙启发，更加坚定了葡萄牙想要获得独立的决心。

公元1640年，葡萄牙爆发独立运动，若奥四世建立起了新王朝：布拉甘萨王朝，结束了西班牙的60年统治。接下来，法国、尼德兰还有英国也纷纷承认葡萄牙的独立。

腓力四世不允许葡萄牙离开自己，他甚至使用了暴力手段来逼迫葡萄牙，但都失败了，西班牙已经无力应对葡萄牙的独立。公元1668年2月13日，西葡两国签订了《里斯本条约》，从此葡萄牙正式脱离了西班牙，成为一个完全独立的国家。

🌱 安茹公爵继承王位，做个好的西班牙人

公元 1700 年，安茹公爵成了西班牙国王，即腓力五世。腓力五世是法国国王路易十四的孙子（安茹公爵的祖母是法国国王路易十四的妻子，西班牙公主），他接手了西班牙后，他的祖父告诫他要做一个好的西班牙人，但同时也不要忘记促进法国和西班牙的联合。腓力五世一直牢记他祖父的叮嘱，只是他毕竟还是一个法国人。

西班牙国王腓力五世却更加关心法国王位的继承权

西班牙的新国王腓力五世并没有给西班牙带来惊喜，他自己并没有什么主见，并且对西班牙的政事毫不关心，他更关心的是法国的动向，因为法国连连征战，国库空虚，直到如今依旧未能缓解，而法国老国王路易十四也时日不多了。

公元 1715 年 8 月 26 日，路易十四将五岁的重孙路易叫到床边，对他说了以下著名的话："我的孩子，你将成为一位了不起的国王。不要像我一样沉迷于建筑和战争。你要与你的邻居和平相处。给上帝你应该给的。要擅纳良言。努力让人民免遭痛苦，这是我没能做到的。"

6 天后，统治法国超过 70 年的路易十四死于坏疽。路易十五立刻成了法国的新国王。

腓力五世想抓住这个机会得到法国的王位，但他的阴谋失败了，他的同谋还被关进了巴士底狱。法国、荷兰、英国和奥地利结盟，他们一致要求腓力五世放弃对法国王位的继承

第 9 章 西班牙帝国的衰落

🌿 公元 1721 年，路易十五和他的堂妹——腓力五世的女儿玛丽安娜·维多利亚订婚，11 岁的国王对只有 3 岁的未婚妻毫无兴趣，并在 4 年后退掉了婚约。

🌿 公元 1725 年 9 月，路易十五和倒台的波兰国王的女儿举行了婚礼。

🌿 [法国国王路易十五]

路易十五是法国波旁王朝第四位国王。刚上位时，这位国王颇受人民喜爱，但之后由于他无力改变法国君主制和他在欧洲的绥靖政策，使他失去了人民的支持，成为法国最不得人心的国王之一。

🌿 在第一任妻子玛利亚·路易莎之后，腓力五世又听了他的新妻子伊丽莎白·法尔内塞的建议。把眼光放到了意大利，为了重建西班牙强大的海军，想把自己的孩子送过去联姻，借此恢复在地中海的大国地位。

海洋与文明 西班牙 | 191

权。无奈的腓力五世只能妥协,并将女儿许配给路易十五。

西班牙的内政靠女人来打理

腓力五世一直觊觎法国的王位继承权,那么西班牙国内的政事是怎么处理的呢?

腓力五世的第一任妻子是萨伏伊公主玛利亚·路易莎,她是一个勤奋而不拘小节的公主,在法国的帮助下,她使西班牙因战争消耗巨大的财政得到恢复,重新富裕起来,还抨击了宗教裁判所。

腓力五世给这位公主充分的改革空间,但是后来腓力五世因为听信了宠臣阿尔维罗尼的谗言,将她扣留并驱逐出境了。

公元 1724 年 1 月 24 日,腓力五世争议性地将王位传给了年仅 17 岁的长子路易一世。传说是因为腓力五世精神上的缺憾使他无法继续执政,也有可能是腓力五世希望继承法国王位。

不幸的是,路易一世在位仅 7 个月,便因天花在马德里逝世,并没留下子嗣,而腓力五世的次子费尔南多六世尚且年幼,所以腓力五世被迫重新继位。

西班牙插手别国继承问题

公元 1733 年 2 月,波兰国王奥古斯特三世去世,王位是应该由先王的儿子弗里德里科·奥古斯特继位,还是由曾经倒台的波兰国王(法国路易十五的岳父)斯坦尼劳斯·莱茨钦斯基继位,双方各执一词,谁都不肯退让一步。

法国国王路易十五为了帮他岳父,想得到西班牙的支持,公元 1733 年 11 月 7 日,法国同西班牙签订了《埃斯科里亚尔条约》,法国将西班牙拖下水了。在条约中,法国承诺将那不勒斯和西西里让

[波兰国王奥古斯特三世]

奥古斯特三世是波兰国王奥古斯特二世唯一合法的后代,公元 1733 年 10 月 5 日,奥古斯特三世被推选为波兰国王,在他的统治下,波兰的无政府状态逐渐加深,波兰对邻国的依赖性也逐渐加强,由于这位国王并不待在波兰,于是他把波兰的事务都交给了海因里希·冯·布吕尔。他的统治时期是波兰历史上最混乱的时代之一。

[奥古斯特三世时期的硬币]

给西班牙，西班牙在这种背景下插手了波兰的继承问题。

西班牙和波兰爆发了战争，战争持续了两年，到最后谁也不愿意再拖下去了，公元1735年，双方达成和平协议，最终在公元1738年签订《维也纳条约》，波兰王位继承的结果出来了，老国王的儿子弗里德里科·奥古斯特继承了王位，但是路易十五的岳父斯坦尼劳斯·莱茨钦斯基保留国王头衔。

这一次的波兰问题让西班牙的经济不堪重负，但腓力五世并不在意，他沾沾自喜地认为取得了这次战争的胜利，并修建王宫开始享受，著名的东方宫就是在那个时候修成的，在国王看来，西班牙离恢复曾经的辉煌不远了。

好景不长，到了公元1739年，对西班牙积怨已久的英国向西班牙宣战了，西班牙联合了法国对抗英国，英国没有捞到什么好处，不过因此又引发了另一个问题，那就是奥地利王位的继承战争。

费尔南多六世想尽快结束战斗

奥地利国王查理六世于公元1740年10月20日去世，死后无嗣，其长女玛利亚·特蕾西亚承袭父位。查理六世死后，普鲁士、法国、西班牙、巴伐利亚、萨

❋ [东方宫前的腓力四世铜像]

由于铜像自重很重，造好之后放置时一直不太稳，因此西班牙王室特地向伽利略请教，由此解决了铜像高耸的马头和后蹄的平衡问题。

❋ [费尔南多六世]

费尔南多六世有着与其他国王不同的感情经历，虽然他与王后巴拉拉的婚姻也是联姻，可是他们却有着非同一般的感情。在巴拉拉去世后，他神志恍惚到不能自理，坚持了一年后，这位多情的国王也去世了。

[西班牙国王卡洛斯三世]

卡洛斯三世右手握着指挥棒，左手传递一个命令的姿势。腰部宽腰带清晰可见，身体左侧一把剑若隐若现。

他的胸前有三个勋章，分别是金羊毛徽章、法国圣埃斯普里勋章和那不勒斯圣热内罗勋章，分别代表金羊毛骑士团的领主权（虽然哈布斯堡也声称拥有领主权）、法国圣埃斯普里的领主权和那不勒斯的领主权。

※ 卡洛斯三世在继承西班牙王位前，在那不勒斯的时候颇受人民爱戴。继承西班牙王位之后，他对内、对外都有了一番作为，但是对于垂暮的西班牙帝国来说，这点改革不值一提。

克森、皮埃蒙特、撒丁王国、那不勒斯王国都拒绝承认玛利亚·特蕾西亚的继承权，他们支持的是德国王子查理·阿尔贝托。而奥地利、英国、俄罗斯帝国、波希米亚、匈牙利、荷兰、西里西亚从其各自的利益出发，则全力支持玛利亚·特蕾西亚的继承权。由此而爆发了长达 8 年之久的由两次西里西亚战争构成的奥地利王位继承战争。

西班牙在这场战争中发挥了巨大的作用，几乎可以说是主导了这场战争，到了公元 1746 年 7 月 9 日，腓力五世去世，费尔南多六世继位，费尔南多六世显然对他父亲热衷的这场战事不感兴趣，他只想快快结束这一切。

于是在公元 1748 年 10 月 18 日，双方签署了《亚琛条约》，奥地利王位继承战争终于结束，老国王的女儿赢得了继承权。

奥地利王位争夺告一段落了，但是西班牙和英国之间还有贸易问题需要解决。公元 1749 年，双方达成协议，西班牙赔偿英国 10 万英镑，并承认英国在美洲的贸易权，最重要的是英国拥有黑奴贸易优先权。

卡洛斯三世的改革

公元 1716 年 1 月 20 日，卡洛斯三世出生于马德里，他是腓力五世和第二任妻子伊丽莎白·法尔内塞（来自帕尔马）所生的第一个孩子。公元 1759 年，同父异母的哥哥费尔南多六世因病去世后，因为他没有合适的继承人，卡洛斯三世从意大利赶回来继承了西班牙王位。

卡洛斯三世继承了西班牙王位后，对西班牙各地区人民表达了充分的善意，这给西班牙带来了希望，西班牙人满心欢喜地以为西班牙有救了，但实际上并不是这样，新的国王也没有能拯救西班牙，他重用了从意大利带来的两位宠臣，一个是埃斯吉拉切侯爵奥莱波多尔·格雷格里奥，另一个是赫罗尼莫·格里马尔迪。

奥莱波多尔·格雷格里奥想要在西班牙进行改革，

他的很多改革思想也都被卡洛斯三世接受了。在他统治时期，执行一种开明专制政策。他还设立一个国务会议以协调各大臣的工作。在军事方面，卡洛斯三世把雇佣兵制度改为征兵制，并学习陆军强国普鲁士的训练方法。一时间西班牙国势颇有起色，但是改革的部分内容并没有给广大人民带来他们想象中的好处，由此爆发了不满情绪，人民纷纷开始反抗，其中最具代表性的反抗发生在马德里。

[西班牙驱逐耶稣会]

马德里的混乱引发了全国性的混乱

马德里有一批身穿长披肩、头戴大檐帽的人，他们经常在晚上出现在城里行窃，严重扰乱了社会治安。

公元1766年3月10日，奥莱波多尔·格雷格里奥下令统一马德里市民的着装，他要求改短男子的披肩，其目的是避免有人携带枪支上街，维护公民安全。

然而当时马德里的市民生活十分困难，衣食住行都成了问题，这个时候下令要求统一服装，加重了市民负担，再加上马德里人民对意大利的官员天生的反感，所以在3月23日举行集会，他们大喊"国王万岁""西班牙万岁"

❦ [阿兰达伯爵]

阿兰达伯爵是西班牙王政会议主席、将军、首相，卡洛斯三世时代最杰出的改革家之一。

❦ [玛利亚·特蕾西亚]

玛利亚·特蕾西亚是最后一位神圣罗马帝国的王后，同时也是奥地利大公和国母，她不能容忍西里西亚从她祖传的领土上分割出去，于是她无所不用其极地发动了一场战争。

等口号，捣毁了改革者的住宅，然后聚集在王宫，要求得到国王的接见。他们要求国王卡洛斯三世解除外国宠臣的职务，取消统一服装的命令，降低食品价格等。

马德里一片混乱，市民与皇家卫队发生冲突，误伤了不少人，大臣们也开始恐慌，他们想让国王卡洛斯三世使用强制措施镇压这些无知的人，幸好卡洛斯三世并没有再一次听从大臣的建议。

3月25日，卡洛斯三世下令取消之前颁布的统一着装的法令，然后解除奥莱波多尔·格雷格里奥的职务，派人将他送回了意大利。

虽然卡洛斯三世按照市民的意思取消了统一着装法令，但是马德里哗变的余温并没有随之冷却下来，它发酵了全国各地的反抗势力。从北方的吉普斯夸到中部的萨拉戈萨，再到南方的木尔西亚，市民的反抗情绪几乎是全国性的爆发了。他们的不满主要集中在物价问题上。

西班牙驱逐耶稣会教徒，平息了这场全国性的风暴

马德里事件导致的直接后果除了带动了全国的反抗情绪之外，卡洛斯三世认为这次大规模的民众情绪爆发，其中还有耶稣会的煽动，再加上当时卡洛斯三世还秘密听到了一个对他的污蔑，耶稣会传播说卡洛斯三世不是腓力五世的儿子，还有人说国王与阿兰达伯爵的妻子偷情……这都是诽谤！这些诽谤让卡洛斯三世十分恼怒。

愤怒的国王开始下令驱逐耶稣会，据统计当时被驱逐出西班牙的耶稣会教徒有约5000人。

全国骚乱的源头算是遏制住了，在阿兰达伯爵的支持下，卡洛斯三世开始改革，主要改

革措施是大力发展农业，振兴工业，扩大贸易等。

除此之外，卡洛斯三世还下令建立了许多贫济院，用来救济西班牙境内那些无家可归的可怜的流浪者，这一措施总算是安抚了民众的情绪，全国的骚乱也开始慢慢平息了下来。

站队问题，欧洲七年战争爆发

公元1756年，欧洲发生了一件大事，那就是"七年战争"爆发了，这堪称是一场世界性的战争，因为这场战争几乎把欧洲所有的国家全部卷入进来了。这场战争由欧洲列强之间的对抗所驱动。英国与法兰西和西班牙在贸易与殖民地上相互竞争，同时普鲁士这个日益崛起的强国与奥地利正同时在神圣罗马帝国的体系内外争夺霸权。

卡洛斯三世趁机收回西班牙原来的领土

卡洛斯三世一直试图加入这场战争并支持法国。这是因为英国的海上贸易和对北美的殖民动作严重损害了西班牙的利益和尊严，他希望通过和法国合作打击英国，恢复西班牙的海上霸主地位。

然而战争的结果是英国大获全胜，公元1763年2月

✤ [签订《巴黎和约》]

"七年战争"之后英国成为最大赢家，逐渐成为新的"日不落帝国"；而法国的声望自由落体、直线下降，国王失去人民的支持，为法国大革命的爆发埋下了伏笔；普鲁士总算保住了"肥肉"西里西亚，更成就了一个堪称世界级军事家的军事天才——腓特烈二世，然而普鲁士也付出了惨重的代价——普鲁士境内一片焦土，房屋损毁严重，上百个城镇沦为废墟，18万普鲁士军人战死沙场，50万平民丧生。

❀ "七年战争"发生在公元1754—1763年,而主要冲突则集中于公元1756—1763年。当时欧洲主要强国均参与了这场战争,其影响覆盖了欧洲、北美、中美洲、西非海岸、印度以及菲律宾。

11日签订《巴黎和约》,英国成了欧洲当之无愧的最强者。

西班牙虽然在战争中获得了一些好处,比如西班牙得到了能在密西西比河自由航行的权利,古巴和菲律宾也重新拿回来了,看似西班牙收复了本来属于自己的领土。但是代价是惨痛的,西班牙在这趟浑水中丢失了东、西佛罗里达。

解决摩洛哥和葡萄牙问题,西班牙看似朝好的方向发展

卡洛斯三世是一个有野心的君主,但他一直都是心有余而力不足,很多想法都不能变为现实,但是他总算是干了点能说道的事。

公元1773年,摩洛哥要求西班牙政府撤出摩洛哥海岸,被西班牙拒绝,于是在公元1774年10月23日,西班牙向摩洛哥宣战,这场战争西班牙大获全胜,双方签订和约。

公元1781年,西班牙又收复了梅诺卡,后来还收回了佛罗里达,从这个时候开始,墨西哥湾基本上被西班牙控制,西班牙全国上下一片欢呼声。

接下来是与葡萄牙的问题。公元1776年2月,西班牙占领盛卡塔利纳,葡萄牙不得已提出休战。公元1777年,西班牙和葡萄牙签订《圣伊尔德丰索条约》,两国休战,然后又根据《斯利本条约》《乌特勒支条约》和《巴黎条约》,确定两国边界,西班牙同意撤出盛卡塔利纳,葡萄牙不能让除了西班牙以外的其他国家的船只停靠在该港,葡萄牙也同意割让费尔南多·普和安诺本等岛屿。从此两国保持住了友好同盟的关系。

西班牙在卡洛斯三世的统治下,国势有所起色,然而公元1788年卡洛斯三世去世后,其子卡洛斯四世继位,西班牙好不容易好转的局面又再次失去。

❀ [卡洛斯四世]

卡洛斯四世是西班牙国王卡洛斯三世之子,在他统治时期,西班牙的政权实际上落到其妻帕尔马公主玛丽亚·路易莎和她的情夫曼努埃尔·德·戈多伊手里。由于他的一系列错误决策,使西班牙遭到巨大危机。

西班牙独立战争

公元 1789 年，法国爆发资产阶级革命，从此结束了法国 1000 多年的封建制度，进入资本主义社会，这件事给欧洲各国带来的影响是颠覆性的，而这个时候的西班牙国王是卡洛斯四世。

卡洛斯四世的处境非常困难，公元 1808 年，拿破仑率军入侵西班牙，浩浩荡荡的法国大军经由葡萄牙进入西班牙境内，卡洛斯四世实际上成了拿破仑的傀儡。西班牙人民发动起义，推翻了权臣戈多伊，卡洛斯四世被迫于当年 3 月 19 日宣布让位给其子费尔南多七世。

拿破仑的阴谋

费尔南多七世面对强大的拿破仑军队也毫无办法，甚至可以说有些许懦弱，俨然就是拿破仑掌控下的傀儡国王，然而费尔南多

※ [特拉法尔加海战]

拿破仑面对反法同盟军的进犯时，将西班牙拉做炮灰。他与西班牙军组成了法西联盟军共同抗击英国，可惜在特拉法尔加海战中，这支联军被打败了。对英国来说，这是一场奠定海上霸权的重大胜利，所以今天在伦敦还有一个特拉法尔加广场，用以纪念这次海战。

※ [卡洛斯四世宠爱的权臣戈多伊]

戈多伊是西班牙近代史上最臭名昭著的人物之一，很多西班牙人认为，就是他导致了西班牙的丧权辱国，以及在近代的衰落。戈多伊本来是一名底层骑士，在禁卫军服役时接近了国王卡洛斯四世，国王认为他有才能，非常赏识他，迅速把他提升，以火箭的速度升做了国相和将军的职务。

[约瑟夫·波拿巴]

约瑟夫·波拿巴是拿破仑的长兄,公元1796年参加意大利战役,后任法兰西第一共和国外交官。公元1806年被拿破仑立为那不勒斯国王,1808年任西班牙国王,1813年离位。拿破仑在滑铁卢战败后,他流亡美国(1815—1832年)。

[费尔南多七世]

又称斐迪南七世,(1784年10月14日—1833年9月29日)。此画由西班牙浪漫画家和版画家 Francisco Goya 所画。这位画家被认为是18世纪末和19世纪初最重要的西班牙艺术家,他的一生非常成功,经常被称为古代大师的最后一位,也是现代的第一位。

七世再小心翼翼,也无法满足拿破仑的野心。

拿破仑想要让自己的哥哥约瑟夫·波拿巴成为西班牙的国王,所以他想办法囚禁了费尔南多七世以及其他的西班牙王室成员,他威胁费尔南多七世将王位还给自己的父亲卡洛斯四世,同时又对外宣称卡洛斯四世放弃王位,立约瑟夫·波拿巴为西班牙新国王,西班牙波拿巴王朝成立,波旁王朝中止。

拿破仑的这一系列举动激怒了西班牙人民,他们纷纷拿起武器抵抗法国的入侵,然而拿破仑根本不屑西班牙人的反抗,在留下25万大军后,便继续他新的征程。

独立战争从马德里起义开始

强大的西班牙一下子变成了被法国奴役的国家,西班牙民众恼火了,从公元1808年5月2日的马德里起义开始,全国各地爆发了抵抗法国侵略的起义。马德里起义的结局可以用惨绝人寰来形容。手无缚鸡之力的平民百姓,在爱国军官的领导下走上街头,袭击被法国军队占领的交通要道和据点,和法军爆发了激烈的巷战。马德里大街上各处都能听到法国侵略军的枪声,夹杂着起义者高亢的呼喊声。起义最终被法军镇压,起义者惨遭屠杀。这场起义作为一个火种燃起了西班牙人民的爱国热情,全国各地开始了反法游击战争。

首先,西班牙起义者成立了一个叫

作"洪达"的地方权力机构，用来组织反抗敌人的入侵，慢慢地全国各地都能看到"洪达"这一组织，甚至后来中央贵族还建立了一个"中央洪达"来领导独立战争，这在西班牙独立战争中发挥了重要作用。"洪达"的主要作战方式是打游击战，并且还起到了非常明显的效果。这是一场以广大民众为基础的保卫国家的伟大斗争。

加泰罗尼亚人民赢得了独立战争的第一场胜利

有 25 万大军撑腰，拿破仑的哥哥约瑟夫·波拿马以为西班牙不堪一击，很快就能落入自己的手中，他显然想错了。西班牙人民自始至终都不可能屈服。尤其是之前一直暴动的加泰罗尼亚人民，如今见到法国人入侵西班牙后，他们立刻拿起武器，与法国军队对着干，因为他们常年与西班牙政府抗争，所以他们很顽强，这次面对入侵的法国人也是毫不留情。公元 1808 年 6 月 6 日，加泰罗尼亚人民在布卢齐山谷击退了一支法国部队，这是起义以来，西班牙人民第一次真正意义上的胜利。

这似乎是一个信号，之后的法国军队几乎再也没有在西班牙捞到好处，每一次的进攻围剿都遭到了西班牙人民的激烈反抗。

独立战争的转折点：解放被法国霸占的萨拉戈萨城

公元 1808 年 7 月 9 日，在西班牙"洪达"机构组织下，西班牙民众和贵族武装与入侵的法军在安达卢西亚爆发了拜伦战役，这场对决造成了法国军队的巨大损失。法国军队在这场战役中阵亡了 2000 多人，而且还有 2 万人被俘虏，在这种不得已的情况下，法国方面要求休战。公元 1808 年 7 月 22 日，双方签订协议停战，从此拿破仑的大军不可战胜的神话被打破了，这让欧洲人大为震惊。

第 9 章　西班牙帝国的衰落

※ 公元 1808—1814 年间，西班牙人起义反抗拿破仑的侵略。马克思这样写道："虽然西班牙国家是死亡了，但是西班牙社会还是富有生气的，而且它的每一部分都充满着抵抗的力量。"人民的起义斗争鼓舞了戈雅，他创作了《1808 年 5 月 3 日夜枪杀起义者》。

[萨拉戈萨城]

萨拉戈萨是伊比利亚半岛上的古老民族居住点。在罗马奥古斯都时期，在此建立了恺撒奥古斯塔城。8世纪摩尔人占据西班牙时，这里成为科尔多瓦的一个酋长国。后来各方势力都来争夺此地。公元1018—1118年，这里成为众多分裂的阿拉伯小国泰法（Taifa）中的一个。分裂不统一也是阿拉伯人最终被赶走的原因之一。公元1118年，被阿拉贡人征服，成为阿拉贡王国的首府，公元1137年成为巴塞罗那公爵的封地。现为阿拉贡自治区首府，是西班牙第五大城市。

在法国人入侵西班牙的时候，有人是这样记录的："全欧洲都不应该忘记，西班牙几乎单独承担了拿破仑全部力量，长达5年……法国人在西班牙接连打赢了10场正规战役，攻占了几乎全部坚固的要塞，然而却未能使西班牙屈服，哪怕是一个省长期屈服。"

这场战争成了西班牙独立战争的转折点，也给了西班牙人民希望，他们乘胜追击，最终被法国占领的萨拉戈萨城被解放，战争局面被扭转。

独立战争第二阶段：西班牙人民从来都不认为被法国占领，一直都在顽强抵抗着

拿破仑简直不敢相信自己的25万大军会失败，西班牙独立战争到达第二阶段。公元1808年11月8日，拿破仑来到西班牙马德里，瓦解了由一些西班牙贵族组建的"中央洪达"，然后取消宗教法庭，废除封建法令，取消关税……他企图用这种方式来安抚西班牙人民的情绪，但他显然低估了西班牙人民反对法国的决心，西班牙人民拿起武器继续同法国军队进行斗争。

公元1808年12月，法军又来到了西班牙的萨拉戈萨城，在一番攻城之后，虽然西班牙人以死抵抗，但是终究实力悬殊，第二年2月，萨拉戈萨再次陷落了，西班牙许多士兵和平民在这场战争中壮烈牺牲。

公元1809年5月，法国又派军队攻打赫罗纳城，城内军民顽强抵抗，至死方休。赫罗纳保卫战持续了整整6个月，虽然最后还是失败了，但这次战争是可以写进西班牙史册的。

在之后的时间里，法国占领了西班牙大多数城市，即便如此，西班牙人民从来都不认为西班牙被法国拿下，

[赫罗纳保卫战]

他们一直都在顽强抵抗着。

然而,西班牙祸不单行,除了本土被法国占领,西班牙的美洲殖民地人民获悉这一消息后,也纷纷开始了独立战争。西班牙逐渐丧失大部分的西属美洲殖民地。

西班牙又回到了封建统治的黑暗中

公元1809年,西班牙"中央洪达"被迫南迁到加的斯。公元1812年,他们在这里通过了《加的斯宪法》,这是西班牙历史上第一部具有自由和进步思想的宪法。这部

[《加的斯宪法》]

《加的斯宪法》于公元1812年3月19日正式颁布。正式实施仅2年,于公元1814年5月被费尔南多七世废除,后西班牙多次革命均以恢复这一宪法作为号召。

[加的斯王宫]

腓尼基人建立了加的斯,汉尼拔以此为基地来征服伊比利亚半岛,后来西哥特人又将它从罗马人手里抢了过去。北非的海盗也多次袭击此地,英格兰的海盗将军德雷克曾在此打败了西班牙的无敌舰队。公元1800年,英格兰的纳尔逊将军炮轰加的斯,以阻止法国拿破仑的入侵。

[费尔南多七世的最后一任王后玛丽亚·克里斯蒂娜]

[费尔南多七世的长女伊莎贝拉二世]

宪法吸收了法国大革命的思想，体现了资产阶级民主和自由精神，后来成为西班牙资产阶级革命的纲领，在欧洲产生了很大影响。西班牙以费尔南多七世的名义（称其为"全名渴望者"）号召人民反抗法国入侵者。

由于拜伦战争的胜利，英国也开始看到了战胜拿破仑的希望，他们决定和西班牙合作，共同抵抗法国军队。英西联军取得了多次胜利，并救出了被拿破仑关押的费尔南多七世。

然而，公元1813年费尔南多七世返国当上国王后，便开始推翻宪法，实施独裁统治，史称"黑暗十日"，波旁王朝复辟。

费尔南多七世重新上位后，第一件事就是对自由派进行疯狂的打压，许多独立战争时期的爱国英雄被杀害或关押，这意味着西班牙自由派领导的推翻封建专制的资产阶级革命失败。

波旁王朝复辟

波旁王朝复辟后，西班牙在费尔南多七世的领导下朝政瘫痪，整个国家再无秩序可言，人民又重新被黑暗的封建专制笼罩。此后的10年时间，西班牙人民仿佛落入深渊。

又回到王位继承问题，女孩还是男孩？

公元1829年，费尔南多七世45岁了，却没有继承人，于是他和他的侄女玛丽亚·克里斯蒂娜结婚了，就为了生下一个继承人。但天意弄人，最终他的侄女只为他生下了两个女儿,根据当时的继承法,女儿是不能继承王位的。于是费尔南多七世废除了只允许男性继位的《萨利克法》,恢复了公元1789年卡洛斯四世在议会上通过的诏谕:女儿也享有继承权。他为他的女儿能继承王位找到了法律依据,但是这也意味着剥夺了他的弟弟唐·卡洛斯的继承权,这为后来的王位继承问题的爆发埋下了伏笔。

继承战争——卡洛斯战争

公元1833年,费尔南多七世去世了,他的长女成了西班牙国王,这个时候她还不满3岁,称为伊莎贝拉二世,由母后玛丽亚·克里斯蒂娜摄政。费尔南多七世的弟弟唐·卡洛斯不承认费尔南多七世的女儿对王位的继承权。

如今新国王年幼,卡洛斯又拥有大批支持者,于是在公元1834年,争夺王位的战争爆发了,这是发生在自由派和保守派之间的一场战争。自由派以新王伊莎贝拉

> ❦ 费尔南多七世的弟弟唐·卡洛斯这一派势力占据着西班牙北部的农村,因卡洛斯派主张恢复君主制和宗教裁判所,得到封建贵族、教会和北部、东北部地区农民的支持。

> ❦ 费尔南多七世的女儿伊莎贝拉二世这一派由自由化贵族和资产阶级势力组成。

> ❦ 第一次卡洛斯战争的战场主要集中在加泰罗尼亚地区和巴斯克尼亚。

第 9 章　西班牙帝国的衰落

❦ [第一次卡洛斯战争之伊伦战争]

❦ 第二次卡洛斯战争中除了第一次卡洛斯战争时出现的争夺人，又来了第三个觊觎西班牙王位的小唐·卡洛斯三世。

❦ 第二次卡洛斯战争一开始，西班牙北部就成了卡洛斯这一派的主要根据地，他们请来了巴斯克人帮助，于是卡洛斯一派占据了大片领地，并且他们还在南部的城镇建立据点，跟伊莎贝拉二世一派开展游击战。此时，卡洛斯一派看似有了胜利的希望。

二世为中心，他们维护民主与自由，而以卡洛斯为代表的保守派维护着封建专制。

卡洛斯战争一共分为三次，第一次是卡洛斯去葡萄牙得到了葡萄牙的支持，被葡萄牙拥护成西班牙国王，称号为卡洛斯五世。公元1836年，卡洛斯依靠托马斯·苏马拉卡雷吉的帮助，向伊莎贝拉二世宣战，发动了第一次卡洛斯战争，但这一次失败了，唐·卡洛斯逃亡国外。

第一次卡洛斯战争结束后，大部分失败者逃到了法国，但加泰罗尼亚还有一部分人坚持战斗。公元1846年，加泰罗尼亚爆发经济危机，卡洛斯的追随者趁机挑起武装冲突，第二次卡洛斯战争爆发，这一次的结局还是失败，卡洛斯的追随者又逃去了法国。

接下来就是第三次卡洛斯战争了，这次战争发生在公元1873—1876年，这个时候西班牙的国王已经不再是费尔南多七世的女儿了，伊莎贝拉二世在公元1864年的西班牙革命中被废黜，西班牙国会于公元1870年11月16日推选萨伏依王室的奥斯塔公爵阿马戴乌斯为西班牙国王，即阿玛迪奥一世，但这遭到了西班牙天主教会、许多大贵族、将军以及平民百姓的强烈反对，阿玛迪奥一世被迫退位。这让卡洛斯派看到了机会。他们立即暴动，支持老唐·卡洛斯的孙子小唐·卡洛斯三世继位。此时的西班牙国王是伊莎贝拉二世的儿子阿方索十二世，他指挥军队将卡洛斯派的军队打得溃不成军，再没有了反扑

❦ [塞拉诺将军]

塞拉诺将军全名为弗朗西斯科·塞拉诺·多明格斯，公元1867年成为自由派联盟领袖。曾一度因反对伊莎贝拉二世而被捕，后来加的斯海军起义才获释。

之后他便率领军队开始抗击北方卡洛斯一派势力的入侵。不仅将卡洛斯一派赶出南部，就连小唐·卡洛斯都被赶往法国，第二次卡洛斯战争因此而结束。

的可能，小唐·卡洛斯三世最后不得不再次逃往法国。公元 1876 年 3 月 3 日，持续近半个世纪的卡洛斯战争终于结束。

伊莎贝拉二世被迫退位，逃去了法国

伊莎贝拉二世执政期间，西班牙频频爆发经济危机，由于农业生产方式和农业制度落后，加上连年的自然灾害，老百姓生活在水深火热之中，而且那段时间政府更迭频繁，伊莎贝拉二世的王位摇摇欲坠，朝廷内部腐败不堪，社会矛盾激化，再加上国家金库年年亏损，许多大企业相继破产，西班牙内部的政治状态可以用极度混乱来形容。

公元 1868 年 9 月 17 日，驻扎在加的斯的部队发生起义，革命风暴席卷全国，速度非常之快，这些起义者高喊"国家主权万岁！"的口号，他们代表最广大的人民要求伊莎贝拉二世退位。

伊莎贝拉二世派出了许多人前去镇压，但接连被打败，革命军都快打到马德里了。伊莎贝拉二世除了退位，似乎没有更好的办法。9 月 30 日，伊莎贝拉二世指定王位继承人为自己的儿子阿方索王子，然后逃去了法国。

伊莎贝拉二世的儿子被选为新的西班牙国王

革命军到达了马德里，他们得到了马德里市民的热烈欢迎。10 月 8 日，他们成立了临时政府，临时政府以民主和自由为前提，在 10 月 9 日发布了一条声明：废除奴隶制度！

接下来政府面对诸多问题，首当其冲的就是王位由谁来继承？伊莎贝拉二世退位时，将王位传给阿方索王子，革命军认为波旁王朝绝对不在王位继承人的考虑范围内。

后来经过多方讨论和选举，将西班牙新组建为共和国，王位暂时交给了萨伏依王室的奥斯塔公爵阿马

> ❦ 在整个伊莎贝拉二世统治时期，西班牙人民的生活状况没有改善。由奸臣和军队把持的政府极其腐败，而女王的宫廷本身又是一个滋生腐败的根源。种种原因终于导致了公元 1868 年西班牙革命（光荣革命）的爆发。

第 9 章　西班牙帝国的衰落

> ❦ 历史上对于伊莎贝拉二世女王的事迹描述多不胜数，最出名的就是她荒淫的生活，甚至有很多人坚信，后来登上西班牙王位的她唯一的儿子阿方索十二世的亲生父亲不是其丈夫弗朗西斯科亲王，而是她的情夫之一的卫军长官恩里克·普伊戈·莫尔托。

❖ [拉罗谢尔海战中的西班牙战舰]

此战是英格兰舰队解救被围困的拉罗谢尔,在强行入港时遇到西班牙舰队,双方交战时的画像。

此时的英格兰舰队明显不是西班牙的对手,2天后,英格兰舰队不是被俘便是被击沉,一败涂地。

戴乌斯,称为阿玛迪奥一世。阿玛迪奥一世在位只有短短两年时间,期间西班牙政府更迭了6次,各种丑闻相继爆发。于是有人想到了伊莎贝拉二世的儿子阿方索王子。

波旁王朝还是复辟了

西班牙革命者组建的共和国看来是行不通的,这让很多人觉得只有恢复君主制才能拯救国家,其中的代表是文学家安东尼奥·卡诺瓦斯·德尔·卡斯蒂略。他觉得新的君主制应该要与新的社会经济政治形式相适应,所以他提出了一个全新的建议。他主张两党制度,就是由两个最大的政党轮流坐庄执政,就像英国的议会制度一样,这样的君主制度具有民主和自由主义色彩,所以这个政治主张被很多人接受。

安东尼奥起草了一份声明,让在英国学习的17岁的阿方索王子在上面签字。声明的内容是阿方索同意成为

❖ [安东尼奥·卡诺瓦斯·德尔·卡斯蒂略]

安东尼奥·卡诺瓦斯·德尔·卡斯蒂略一生致力于研究历史和政治方面的问题。在19世纪末6次担任首相(1874—1875年,1875—1879年,1879—1881年,1884—1885年,1890—1892年,1895—1897年),创立了西班牙保守党。另外还出版了政治著作《当代问题》(三卷)。

❊ [14世纪时的西班牙海军]

14—15世纪时西班牙海军的主要力量来自阿拉贡和卡斯蒂利亚两国。当时的西班牙海军是地中海上的第三大海军。

第 9 章　西班牙帝国的衰落

西班牙国王，遵循立宪君主制是拯救西班牙的唯一方式，还申明：没有报复，没有迫害，在西班牙建立一个稳定和平的社会。这项声明让阿方索王子得到了西班牙人民和军队的支持。于是在公元1875年1月4日，阿方索王子来到马德里登基成为西班牙国王，称阿方索十二世，波旁王朝复辟。

阿方索十二世继位后，打败了小唐·卡洛斯三世的军队，彻底破灭了他的梦想，西班牙开始进入相对和平时期。

❊ [阿方索十二世]

❊ [19世纪时的西班牙战列舰"阿拉帕尔斯"号]

"阿拉帕尔斯"号原计划为木制螺旋桨轻帆船，但被改造成一艘舷侧装甲舰，中部装有装甲列板，排水量上增加200吨以上。公元1873年在委内瑞拉外海上触礁，被送往纽约修理。这正好与美国汽船"弗吉纽斯"号在古巴外海被西班牙巡洋舰扣押事件同时发生的。最后发现"阿拉帕尔斯"号破损严重，从经济角度考虑，已不值得进行修理，于是被放弃。

海洋与文明　西班牙　| 209

❋ 中世纪的西班牙的主要目标在于开发新领地，所以这时候的海军力量是以阿拉贡和卡斯蒂利亚两国海军为主力。

扩展阅读 经济危机

西班牙帝国走向衰弱的最根本原因，就是战争太多了，军费开支太过庞大，这让西班牙人民苦不堪言，仗一直打下去，消耗了帝国大量的财富，没有财富的支持，又如何供养一支强大的帝国军队呢？长时间的战争，使得西班牙经济系统出现了严重的问题。

如果不是因为经济问题，西班牙依然还是一个强大的国家，但是经济问题出现了，西班牙却没有很好地解决，最终导致帝国走向崩溃，结束了西班牙的一个伟大时代。

惨无人道的经济政策

西班牙的财政来源主要有两个方面，一个是来自殖民地的黄金，另一个是来自卡斯蒂利亚的税收。但是其实殖民地剥削而来的黄金并没有很多，而且大部分都进入了国王的私人口袋，那么国库就只能靠卡斯蒂利亚的税收来充盈了。

那么又为什么是卡斯蒂利亚人承担纳税的责任呢？我们知道西班牙是一个庞大的帝国，这个庞大的帝国表面上由一个国王领导，所以表面上这是一个统一的帝国，

❋ [卡斯蒂利亚王国境内的查科峡谷]

查科峡谷是古老的海床，经过了几个世纪的侵蚀，这里的岩石层和嵌入其中的化石记录了人类生存的痕迹。

❋ [查科峡谷中岩石上的痕迹]

这个地区非常不适合人类居住，因为非常干旱，是世界著名的最干旱的区域之一，但是非常令人不解的是，这里每隔几百年就有一群人生活。西班牙人将这里命名为普韦布洛。

[直布罗陀海战中的西班牙地中海舰队]

在哈布斯堡王朝统治时期，西班牙维持着两大舰队，那就是以桨帆船为主的地中海舰队和以大型帆船为主的大西洋舰队。地中海舰队的前身就是阿拉贡海军。图中是公元1607年直布罗陀海战中的西班牙地中海舰队。

但是实际上并非如此。西班牙本土在伊比利亚半岛上，由卡斯蒂利亚和阿拉贡两个王国组成，其实这两个国家的内部也没有真正统一，那就更别说其他地区的王国了。除了卡斯蒂利亚，西班牙的其他许多组成王国觉得西班牙政府的责任跟自己没什么关系，所以当时卡斯蒂利亚被称为西班牙的"摇钱树"。

有趣的是，那些有钱的贵族们一直都在想方设法逃税，大多数税款都由农民和商人承担，这其实也应该能想象得到，因为纳税制度就是这些逃税的贵族制定的，他们当然不会让自己的利益得到一丁点儿的损害，至于说其他人，那就不用管了，只要他们能按时把税款交上来就好了。西班牙政府也把卡斯蒂利亚人纳税这件事当成理所当然，当时的政府忙于打仗，其实也没有工夫去管自己的人民背负了多沉重的负担，政府只知道要钱，要用钱来支付军队的开支，政府为了更快地得到财富，甚至对他们的臣民设置了极其残酷的政策，这个政策叫作"原始的赤字财政"。具体做法是：把卡斯蒂利亚应

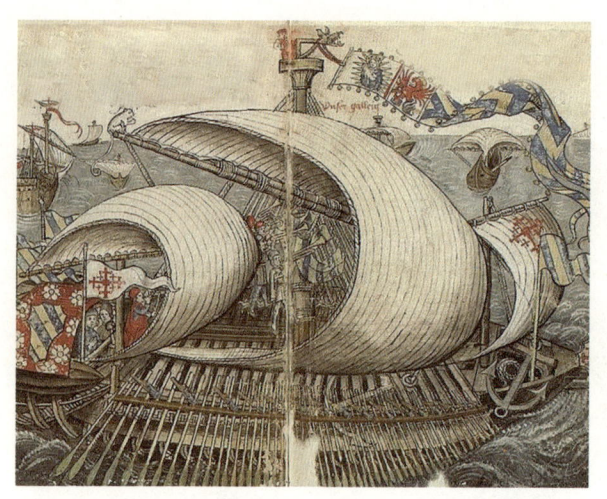

[13世纪的桨帆船]
在如今来说,桨帆船的制造工艺低下,而在中世纪时,桨帆船曾称霸一时,是那时的海上王者。

> 桨帆船的最早使用者是腓尼基人,后来为了抗击腓尼基人,罗马人开始向腓尼基人偷师,从而使得桨帆船的制造工艺开始发扬光大。

["摄政王"号战列舰]
从青铜器时代到中世纪晚期,桨帆战舰一直主宰着地中海的海上战场。在以接舷战和撞击为主要作战方式的海战中,可以运载兵力快速机动的桨帆战舰具有巨大的优势。

交的税款和美洲可能会运来的黄金做抵押,向银行贷款,然后出售有利息的政府公债,这些公债往往数字十分巨大,这让一部分本来可以用于生产的资金也吸收进来了。这个政策在卡洛斯一世的时候就已经开始实行了,也就是说从那个时候开始,政府未来几年收入的大部分要用来还贷和支付利息,这样一来,每年的正常收入相当于为零,政府只能宣布国家破产,用来终止利息,抵赖国债。至于说卡斯蒂利亚的人民,长期的压迫让他们没办法喘息,摆在他们面前的只有两条路,一个是宣布破产,一个是携款逃亡。

经济问题难以解决

西班牙乃至整个欧洲人对黄金都太过于狂热了,美洲的金银疯狂地向欧洲输入,导致的最直接后果就是引发了价格革命,也就是大量黄金的涌入导致金银贬值,然后物价上涨,造成通货膨胀。

这个经济问题对于西班牙来说是致命的,西班牙最先受到价格革命的影响,这也就意味着当西班牙黄金贬值的时候,欧洲还没有开始出现这种情况,这种时间差让西班牙的产品在欧洲商品市场上渐渐失去竞争力，导致西班牙的工商业在欧洲甚至在西班牙本土都没有了立足之地。随着大量的黄金涌入欧洲，欧洲全面爆发经济危机，西班牙的痛苦越来越大，并且这种痛苦的煎熬比其他国家持续的时间都要长。

更重要的是，西班牙人因为长期的殖民活动，他们知道了不劳而获的快乐，所以渐渐的他们不再是一个勤劳的民族了，他们开始鄙视劳动者，在其他国家都在发展工商业的时候，西班牙人还一心只是想着扩张，想着如何从其他地方掠夺财富，而不是自己去创造财富，西班牙人的这种做法其实给自己埋下了很多隐患。他们没想过自己生产所需要的东西，所以很多必需品不得不依赖进口，特别是军事方面的必需品，西班牙大部分都是靠进口的，这很危险，一旦其他国家切断了对西班牙的供给，西班牙就只能束手就擒。可以说，海洋带给了西班牙机遇，但西班牙人心里只有掠夺，而没有建设，这样的帝国注定了是昙花一现，无法长久。

腐败

腐败，特别是上层的腐败，让西班牙的经济危机更加严重。贵族拥有了太大的权力，他们想方设法逃税，把所有的责任都压在了普通老百姓身上。

公元 1545 年，当时还只是西班牙王子的腓力亲王给他的父王卡洛斯一世写信的时候用了这样的话："普通老百姓不得不

[桨帆船的经典船型：加莱帆船]

中世纪时期，依靠人力的加莱帆船非常适合在地中海或黑海以及波罗的海等封闭海域内作战，所以它就成了西班牙地中海舰队的主力船型。但是它也有不容忽视的缺点，就是低矮的船身和高大的风帆，无法承受重型火炮的轰击。

[葡萄牙人设计的卡瑞克帆船]

卡瑞克帆船是由葡萄牙人发明的一种大型帆船。约在公元 1300 年，欧洲人开始改良北欧主流船种柯克型帆船。他们在柯克船的基础上增加了一根桅杆，主桅挂方形的大横帆，后桅挂三角帆，这便成了卡瑞克帆船的雏形。

海洋与文明 西班牙 | 213

［法国大革命］
法国大革命是指公元 1789 年 7 月 14 日在法国爆发的革命，统治法国多个世纪的波旁王朝及其统治下的君主制在三年内土崩瓦解。

［拉丁美洲独立战争领导人玻利瓦尔］
拉丁美洲独立战争是指公元 1810—1826 年拉美殖民地在圣马丁、玻利瓦尔等的领导下，脱离西班牙和葡萄牙殖民统治的战争，最终获得胜利，形成了拉丁美洲一系列新兴国家。这时的西班牙帝国已经非常虚弱，已然失去对拉丁美洲的控制。

纳税，他们被逼到如此贫困悲惨的境地，以至于许多人赤身裸体。"

普通老百姓的生活惨不忍睹，但是贵族们丝毫不受影响，在价格革命的时候，他们还因为物价上涨，而好几次提高地租，痛苦是普通人的痛苦，和当权者没有任何关系。

腐败问题还发生在殖民地官员身上。16 世纪，官方垄断贸易已经没有办法进行了，所以政府只能允许私人贸易，但是这也是有条件的，那就是私人商贩必须要向政府纳税，这给了殖民地官员一个很好的机会。于是各个殖民地的官员都开始无心管辖自己的领地，纷纷做起了商贩。国王的钱，不赚白不赚。海关和商人互相掩护，做到所谓的"双赢"，反正天高皇帝远，没有人能管到自己。

> **知识链接：麦斯塔**
> 在西班牙国内，存在一个依靠牧业为生的贵族阶层"麦斯塔"。这个阶层势力强大，他们每年驱赶数百万头美利奴羊在伊比利亚半岛来回游牧，并且还有武装人员负责看养，羊群每年从北向南又从南向北几乎跨越了整个卡斯蒂利亚王国，羊群践踏农田，破坏庄稼，但是西班牙政府从来都不关心农民的权益。土地所有者强烈反对这个贵族阶层，但是又不能拿他们怎么样，在政府的纵容下甚至还产生了羊吃人的现象，黑暗的岁月让西班牙的农业也一蹶不振了。

西班牙殖民体系的瓦解

西班牙人民终于扛过了法国的蹂躏，但西班牙国内还是处于一片混乱之中，而在这个时候，美洲大陆上的国家相继爆发了民族独立战争，西班牙在这片土地上的统治终于要宣告结束了。

拉丁美洲寻求解放，殖民体系开始瓦解

18世纪末，西班牙还依然处于封建王朝的统治下，而当时的欧洲其他国家却早已进行了资产阶级革命，最著名的就是法国大革命，西班牙这一次落后了。18世纪中期开始，拉丁美洲开始和欧洲其他国家来往密切，于是许多不该让他们知道的东西传了进来被他们知道了，比如什么近代科学啦，法国唯物主义啦，更重要的是《人权宣言》被翻译成西班牙语被带到了这里。尽管西班牙竭力制止了这些思想在这里传播，可是毕竟人对新知识的渴望是天生的，拉丁美洲人知道并接受了这些东西，更要命的是，美国独立战争爆发，《独立宣言》的发表更是刺激了拉丁美洲人民的神经，他们的自由生活也快要来了。

其实在革命运动真正开始前，拉丁美洲的人民就已经为自由做过很多尝试，只是那时只知道反抗压迫，但不知道自己真正的目标是什么，也没有正确的思想来加以引导，最终这些反抗都以失败告终。但这次不一样了，他们决定通过武装革命来推翻西班牙的殖民统治，目标是获得自由解放。

墨西哥首先爆发独立战争

墨西哥是西班牙在拉丁美洲长期统治的中心，独立战争首先在这里爆发，领导墨西哥独立解放

第9章 西班牙帝国的衰落

❖ [墨西哥第一位农民起义领袖托雷斯]

海洋与文明 西班牙 | 215

[米格尔·伊达尔戈]

伊达尔戈是墨西哥独立战争最早的领导人，早年深受欧洲启蒙主义思想影响。从公元1803年起担任印第安人集中地多洛雷斯教区的神父。他在自己的教区传播与法国大革命有关的平等、民主和人权的思想，揭露殖民当局的残暴和腐败，使多洛雷斯有"小法国"之称，他也被尊称为墨西哥"国父"。

运动的是天主教神父米格尔·伊达尔戈，他受到法国大革命的影响，同情那些被压迫、被剥削的印第安人，他顺应了革命形势，带领墨西哥人民脱离西班牙的殖民统治。他领导的革命成了一个具有民族独立解放性质的革命，提出将西班牙殖民者赶出去，收回自己的地盘，废除奴隶制，这一条条纲领都鼓舞着印第安人投入战斗。这场独立战争持续了11年，这11年里，无数英雄倒下，又有无数英雄站起来，他们只有一个目标，那就是胜利，终于在公元1836年12月28日，西班牙承认墨西哥独立。

南美洲获得独立

接下来是南美洲北部，以委内瑞拉为中心，他们也受到法国大革命、美国独立战争影响，再加上西班牙对他们的残暴剥削和压迫，委内瑞拉也准备站起来了。他们经历了失败、流血与牺牲，也经历了第二共和国、第三共和国，终于在公元1821年7月，委内瑞拉结束了战斗，它同新格拉纳达和厄瓜多尔一起实现了统一，成立大哥伦比亚共和国，从这里开始，南美洲和安第斯山脉地区的人民都摆脱了西班牙的统治。

阿根廷独立战争

还有一个地区也即将获得独立，那里以阿根廷为中心，还包括乌拉圭、巴拉圭和玻利维亚。领导这个地区独立战争的是将军何塞·德·圣马丁。公元1801年，"五月革命"在拉普拉塔爆发，阿根廷独立战争开始。公元1812年，圣马丁回来领导革命，他制订了一个详细而又周密的计划，公元1817年1月，他领导了"圣马丁远征"，意在摆脱包围，分散西班牙的兵力。在这次远征过程中，实现了智利和圣地亚哥的解放，接着，他们又一鼓作气解放了秘鲁。西班牙在圣马丁的步步紧逼下，终于有了危机感。圣马丁想要快速结束战争，他和玻利瓦尔谈判，想要南北组成爱国阵线，共同抵抗西班牙殖民者，但玻利瓦尔要求圣马丁离开秘鲁，

❦ 大哥伦比亚共和国是公元1819—1831年间位于南美洲的一个国家。其领域包括今哥伦比亚、委内瑞拉、厄瓜多尔和巴拿马。

否则不同意联盟要求。于是公元 1822 年 9 月 50 日，圣马丁发表演讲，辞去了自己的职务，返回智利，后来又去了欧洲，他从此告别了公众生活。

从哥伦布发现美洲开始，美洲人苦无天日的日子持续了 334 年。虽然美洲还没有全部获得解放，但这也为拉丁美洲的经济发展创造了条件，封建君主统治的根基开始动摇。

古巴交由美国占领

19 世纪 20 年代，拉丁美洲的国家纷纷获得独立，西班牙的殖民统治开始崩溃，于是在剩下的几个殖民地里，西班牙的压榨更严重了，这其中就包括了古巴，从此，古巴人民的不满情绪日益高涨，最后终于爆发。

公元 1868 年，西班牙爆发资产阶级革命，这导致伊莎贝拉二世被迫退位，成立了西班牙第一共和国，同时，也因为多米尼加独立运动的影响，古巴也开始了独立解放的斗争。

公元 1868 年 10 月 10 日，以甘蔗园主、律师卡洛斯·曼努埃尔·德·塞斯佩德斯为首的爱国者在奥特联省东部发动起义，他们还发表了《亚拉声明》，提出独立和反对奴隶制度的主张，号召古巴人民为自由、平等、独立而战斗。由此，古巴独立运动开始。

他们一共经历了两次独立战争，第一次由于大地主大贵族最后时刻的临阵倒戈，投靠了西班牙而失败，第二次经历了大大小小差不多 20 次战役，最后在美国的干预下，终于将西班牙驱逐出了古巴。但是美国也不是善

[阿根廷起义军队]
阿根廷独立战争是 1810—1826 年拉丁美洲独立战争的重要组成部分。

[雪茄]
雪茄是风干、发酵、老化后的烟叶卷制出来的纯天然烟草制品。全世界了解雪茄的专家们一致认为，只有古巴肥沃的红土，才能孕育出世界上最好的烟草。而来自古巴的手制雪茄，更是独步全球的雪茄极品。

❦ [古巴钱币上的卡洛斯·曼努埃尔·德·塞斯佩德斯]

卡洛斯·曼努埃尔·德·塞斯佩德斯是古巴反抗西班牙殖民统治、争取民族独立的先行者。虽然他失败了，但他领导的十年战争最终导致古巴的独立。为此他被称为 Padre de la Patria，西班牙语为故乡的父亲（Father of the Homeland）。

良者，它之所以帮助古巴只是因为垂涎古巴的资源和它的地理位置而已，古巴虽然理论上获得了独立，实际上是被西班牙卖给了美国。

菲律宾获得独立，西班牙海外殖民体系崩溃

公元 1512 年，麦哲伦在西班牙国王的支持下来到了菲律宾，此后菲律宾逐渐被西班牙所统治。

公元 1896 年 8 月，菲律宾也加入了独立解放运动的大潮，这里与西班牙实在相隔太远，西班牙有点鞭长莫及，但是派兵只是时间问题，很快西班牙就压制住了这里的起义活动，只

❦ [菲律宾独立]

是菲律宾人民没那么容易妥协，西班牙的迫害更加坚定了他们想要得到解放的决心。

后来美西战争爆发，西班牙被迫承认菲律宾独立。但还是那句话，美国依然没那么善良，菲律宾赶跑了一个殖民者，又迎来了另一个殖民者。

总之，至此，西班牙海外殖民体系彻底崩溃，彻底地远离了海洋帝国的宝座。